中公新書 2564

松下 貢著
統計分布を知れば
世界が分かる

身長・体重から格差問題まで

中央公論新社刊

はじめに——対数正規分布でわかる格差の実態

身長は正規分布

 一見バラバラに見えるものでも、たくさん集めてグラフにしてみると、ある傾向や規則性が見えてくることがよくある。

 たとえば、高校3年生男子の身長を横軸にとり、縦軸にその身長をもつ人数をとってグラフにすると、身長が極端に低い人も極端に高い人もおらず、ほぼ左右対称な釣鐘状の頻度分布が得られる。この釣鐘状の統計分布は**正規分布**と呼ばれている。

 正規分布の場合、釣鐘のてっぺんの値が平均値を示し、

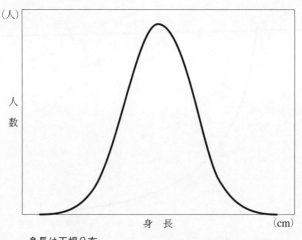

身長は正規分布

釣鐘の幅が平均値からのばらつきの度合いを示す。日本の高校3年生男子の身長の例では平均値がほぼ170 cmで、それを中心に160—180 cm程度の範囲にばらついている（図1—2参照）。すなわち、だいたいの生徒が160—180 cmの範囲にあって、たとえば50 cmや300 cmの生徒はいないのである。

地震はべき乗分布

他方、自然界や社会で起こるモノゴトは一般に複雑であり、正規分布はあまり標準的な分布ではない。たとえば、私たちにおなじみの地震が一定期間に起こる頻度を調べると、弱い地震が圧倒的に多く、強くなるにつれて回数が少なくなり、巨大地震はごくまれにしか起こらな

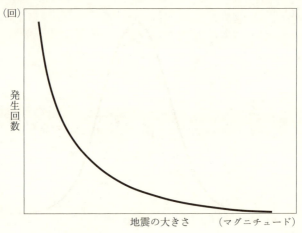

地震はべき乗分布

いことはよく知られている。そこで、横軸に地震の大きさを、縦軸に発生回数をとってグラフにすると、右肩下がりの曲線になる。このような統計分布を**べき乗分布**という。べき乗分布には、都市人口や河原の石ころの大きさなど、多彩な例が知られている。

べき乗分布の例に共通しているのは、地震をはじめとしてすべての例が、複雑な系でのモノゴトだということである。ここで「系」というのは、互いに結びつきあっているモノゴトの集まりのことで、地震の場合には地球の表面を作るいろいろな地殻の集まりが系ということになる。系を構成するモノゴトそのものやそれらのつながりが複雑な系を**複雑系**という。いろいろな部署からなり、それぞれに多様な人たちが勤務していながら、一つの組織としてまとまっている会社は典型的な複雑系の例である。

してみると、複雑系に普通に見られる統計分布はべき乗分布ではないかと思いたくなる。しかし、実際にはそうではない例が多くて、べき乗分布が複雑系の標準的な統計分布とはいえない。さらに困ったことに、べき乗分布は単純な右肩下がりであり、平均値がどこにあるのかわからないので、統計からの予想がつけにくい。

体重は対数正規分布

ところで、私たちの身体を特徴づける身近で重要な指標には、身長だけでなく体重もある。そこで体重の分布

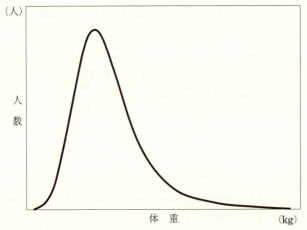

体重は対数正規分布

を詳しく見てみると、身長の場合のような正規分布ではないことがわかる。もちろん、地震の場合のようなべき乗分布でもないことは明らかであろう。

大人の身長はその平均値の約 1.3 倍である 230 cm を超える人はまずいない。ところが体重は平均値を 65 kg として、その約 1.3 倍である 85 kg はもとより、約 4 倍である 250 kg を超える人もまま見られる。

すなわち、体重の場合には、標準的な値が一つの山を作る分布には違いなくても、体重の少ない側の左裾に比べて、多いほうの右裾がずっと尾を引くような、左右対称でない分布を示す。これは縦方向に伸びる身長の成長は高校 3 年生ぐらいで止まるが、横方向に増える（太る）体重のほうは大人になってもちょっと油断するとど

はじめに——対数正規分布でわかる格差の実態

んどん成長するからである。このことに思い当たる読者は少なくないのではなかろうか。

この体重の分布が、本書の中ほどから主役になる**対数正規分布**である。すなわち、対数正規分布は、ピークが一つである点では正規分布に似ており、右裾が長く尾を引く点ではべき乗分布に近く、ちょうど正規分布とべき乗分布を補間するような興味深い分布である。

対数正規分布には、世界各国のGDP（国内総生産）、個人所得、破砕された鉱石、咀嚼による食べ物の断片、町村人口など、多彩な例が知られている。さらに視野を広げると、宇宙や生物の世界でもしばしば対数正規分布が見られる。

ではなぜさまざまな現象に対数正規分布が見られるのであろうか。よく知られている正規分布とはどのような関係にあるのであろうか。このことについては本文で詳しく示すことにしよう。また、この世の中はほとんど複雑系でできているとみなされ、その中で起こるモノゴトは成長したり退歩したりすることで歴史を背負っている。そのような場合には、対数正規分布がまず第一に予想されることを説明する。

具体例として、世界各国のGDP、私たちのほとんどがいずれ老後に世話になる介護の期間、都道府県の人口などを取り上げ、それらの分布は、おおむね対数正規分布になることを調べる。しかし、分布の裾を詳しく見ると、対数正規分布から外れることもわかる。

本書の目標

以上に述べてきたように、本書は、大人の身長や人工的な規格品などに見られ、統計的な議論には必須の正規分布の説明から始める。つぎに、なぜ日本にはかくも地震が多いのかを説明し、地震の頻度分布が正規分布ではなく、べき乗分布であることをデータで示す。また、べき乗分布となる現象は複雑系でそれほど一般的ではなく、世の中の多くのことが対数正規分布で表されることを示し、その理由と特徴を明らかにする。さらに、社会的な現象に対して対数正規分布がほぼ当てはまるとしても、右裾や左裾での外れは格差の現れであることを明らかにするとともに、それらの是正について議論しようと思う。

なお、本文の流れの中でその理解をより深いものにするため、あるいは当然浮かぶと思われる疑問をはっきりさせたり、興味をいっそう高めたりするつもりで、途中にいくつかコラム欄を入れた。数式など煩わしいとか、説明が詳しすぎると思われる読者は、それらをすべて飛ばしていただいても、本文全体として筋が通るように書いたつもりである。

それでは、統計分布とは何か、どのような分布がどのような場合に現れるのかを、これから見ていこう。また、統計のデータが与えられたとき、分布の様子が直観的に

わかるようにするにはどうすればよいかについても考えてみよう。

統計分布を見れば世界が分かる　目　次

はじめに——対数正規分布でわかる格差の実態　i

　　身長は正規分布　　　地震はべき乗分布　　　体重は対数正規分布　　　本書の目標

第1章　統計的に考えるとはどういうことか
——大人の身長と正規分布——1

　　大人の身長　　　正規分布　　　コラム：正規分布　　　正規分布はなぜ現れるのか　　　サイコロ投げ　　　正規分布から予測ができる　　　身長の平均値はどのように決まるか　　　酔っ払いの行き着く先　　　ブラウン運動　　　偏差値とは　　　統計的にモノゴトを扱うことの大切さ　　　正規分布は"正規"か

第2章　べき乗分布
——地震の発生頻度を例にして——31

　　べき乗とは　　　べき乗分布　　　コラム：べき乗分布　　　地殻の運動——プレートテクトニクス　　　地震はなぜ起こる　　　地震は必然的な自然現象　　　地震発生は偶然的　　　地震予知は可能か　　　地

震発生の統計的規則性——グーテンベルク・リヒター則　対数目盛　地震のマグニチュード　地震の頻度はべき乗分布

第3章　複雑系とランキングプロットの効用———59

複雑系とは何か　複雑系の特徴　まれな現象とべき乗分布　GDP のランキングプロット　ランキングプロットと個数分布　ランキングプロットはすぐれもの　サイコロ投げのランキングプロット　世界各国の GDP は対数正規分布

第4章　複雑な系の歴史性とその統計
——対数正規分布が現れる理由——77

まれでないモノゴトの統計　歴史性という共通の性質　モノゴトの移り変わりは乗算過程　複雑な系の単純な統計——対数正規分布　対数正規分布の特徴　コラム：対数正規分布　対数正規分布と正規分布、べき乗分布との比較　対数正規分布の具体例　対数正規分布とべき乗分布の関係

第5章 現代社会に見られる
対数正規分布の例―――93

高齢者の死亡年齢の分布　　老人病の介護期間
老人病は乗算過程　　老人病はなぜ乗算過程か
介護期間の今後　　児童生徒の身長分布　　身
長は正規分布か対数正規分布か　　思春期前の身
長は対数正規分布　　児童生徒の体重分布
複雑系の"正規分布"は対数正規分布

第6章 社会現象を統計的に読み解く
―― 格差の現れ ―――113

GDPの現在　　GNIの推移　　分布の裾のず
れ――富めるものはより豊かに　　市町村人口の
分極　　市と町村との格差　　都道府県の人口
とその推移　　都道府県の間の格差　　他の先
進諸国では　　個人所得の格差――日本の場合
個人所得の格差――アメリカの場合　　GDP、
GNIの今後　　もう一つの、希望的予想

おわりに――現代社会の豊かさとは 143

あとがき――複雑系科学の世紀 149

巻末コラム A：ランキングプロットと個数分布　157

巻末コラム B：指数関数と対数関数　160

参考文献　165

索　　引　168

イラスト・関根美有

第 1 章
統計的に考えるとはどういうことか
―― 大人の身長と正規分布

私たちの身の回りを見ると、100歳を優に超えて天寿を全うする人もいれば、不幸にして癌などで比較的若くして亡くなる人もいる。しかし、現実には120歳以上も長生きする人はめったにおらず、働き盛りの壮年期に亡くなる人も非常に少ない。

　そこで実際にはどうなっているのかを調べるために、ある年の1年間に亡くなった大人の日本人男性の人数を5歳間隔でデータとして集め、それを棒グラフにしてみたのが図1—1である。このようにしてみると、80歳を超えたところで一つのピークをもつような分布が得られ、私たちの平均寿命がだいたい80歳ぐらいで、それ以上の長寿の人は一気に少なくなることが一目でわかる。さ

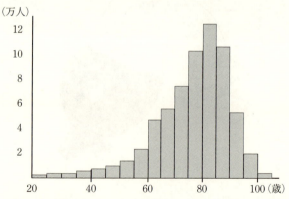

図1—1　2012年に20歳以上で死亡した日本人男性651,899人の年齢分布（平成24年人口動態統計）

らに細かく見ると、初老の60—65歳のところで亡くなる人が急に増えているのに気づき、単なる偶然なのかそれとも何か理由があるのだろうかと気にかかる。もしかしてこの時期、長年のハードな仕事から解放されて定年を迎え、生活の様子ががらりと一変することが影響しているのかと、勘繰りたくもなる。

このように、一見バラバラに見えるような量でも、それをデータとしてたくさん集めてグラフにしてみると、ある傾向や規則性、特徴が見えてくる。このような作業を**統計分析**という。本章ではこのような統計分析を行うと具体的に何がわかり、どのような意味があるかということについて考え、特に正規分布について学ぶことにしよう。その具体的な例として大人の身長を取り上げる。

大人の身長

中学生のころの数学か何かの授業で、自分たちのクラス全体の身長・体重の測定結果を棒グラフにしてみた経験をおもちの読者も多いのではなかろうか。1クラス50人程度で、しかも男女半々だと、たとえば男子生徒だけの身長の分布を表す棒グラフの特徴はなかなかきれいには見えなかったかもしれない。

しかし、考えてみると、日常的には身長が2mを超えるような極端に背の高い人はめったにいないし、病気でない限り、体重が20 kg以下の大人はまずいないであろう。身長や体重には個人差があって、一見バラバラの

ようだけれども、それらのデータをたくさん集めてグラフにすると、おおむね釣鐘状の曲線に近い形の分布が得られる。そこでより詳しく、大人の身長分布が実際にはどのような形をしているのかを考えてみよう。

本当は年齢20歳あるいは30歳の成年男子の身長データを調べたいところであるが、全国にわたる多人数のデータを手に入れるのは難しく、あきらめざるをえない。しかし、幸いなことに、日本では文部科学省の肝いりで、全国の小学1年生から高校3年生までの各学年の男女別の身長・体重が毎年測定され、「学校保健統計」として発表されており、そのデータを見ることができる。

第 1 章 統計的に考えるとはどういうことか

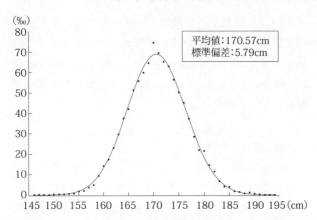

図1—2 高校3年男子生徒の身長の分布（平成28年度学校保健統計調査）

　その全国調査によれば、高校3年生ぐらいになると男子の身長の伸びは止まっており、これを大人の身長とみなして構わないであろう。そこで全国の高校3年男子生徒の身長のデータを取り出し、その人数の分布を全生徒数で割った**頻度分布**をグラフに示したのが、図1—2である。図の横軸は生徒の身長をcmの単位でとってあり、縦軸は生徒数そのものではなく、生徒数の割合をパーセント（％）の1/10のパーミル（‰）で表してある。

　この図1—2から読み取れることは、最も頻度の高い身長の値がほぼ170 cmであり、それを中心にほぼ左右対称のとてもきれいな釣鐘状の分布をしていることであろう。さらに、釣鐘の高さの6割ぐらいのところでその幅を求めると、分布の幅が約12 cmだということも、

図から見て取れる。この幅 12 cm の範囲内に全データの 7 割弱が集中している。すなわち、高校 3 年の 7 割弱の男子生徒は 170 cm を中心に、それより約 6 cm 低い 164 cm ほどから、約 6 cm 高い 176 cm ほどの範囲の身長をもつことがわかる。

正規分布

図 1―2 には、測定された生のデータだけでなく、データにぴったり合うような曲線もプロット(表示)されている。この分布曲線は**正規分布**、あるいは発見者の名前にちなんで**ガウス分布**と呼ばれている。なぜ「正規」分布というかというと、統計の世界ではこの分布が最も

コラム:正規分布

身長や体重などの測定データの値を x で表し、x がどのように分布するかを示す分布関数を $P(x)$ で表すと、正規分布は次のような式で表される:

$$P(x) = \frac{1}{\sqrt{2\pi\sigma^2}} \exp\left[-\frac{(x-\mu)^2}{2\sigma^2}\right]$$
$$= \frac{1}{\sqrt{2\pi\sigma^2}} e^{-(x-\mu)^2/2\sigma^2} \quad (1.1)$$

この式の中の μ は、頻度の最も高い x の値であり、**平均値**を表す。また、σ は分布のばらつきの度合い

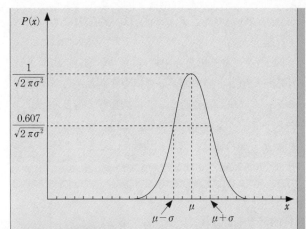

図1-3 正規分布 μは平均値、σは標準偏差で、釣鐘状の幅はほぼ2σ

を示す重要な量であり、統計学では**標準偏差**と呼ばれる。すなわち、正規分布は平均値μと標準偏差σの、二つの量で特徴づけられる。

 (1.1) に示した正規分布$P(x)$を縦軸に、xを横軸にして図示すると、図1-3のようになる。平均値μを中心に左右対称であり、幅が標準偏差σの2倍程度の釣鐘状だということが一目でわかるであろう。$\mu-\sigma \leq x \leq \mu+\sigma$の範囲内の面積が全体の約0.683であり、正規分布ではこの範囲内に落ち着く確率がほぼ0.683ということになる。また、$\mu-2\sigma \leq x \leq \mu+2\sigma$の範囲内の面積は全体の約0.955であり、ほとんどはこの範囲内に落ち着く。さらに、$x=\mu$

> $\pm\sigma$ での分布の高さ $P(\mu\pm\sigma)$ は、釣鐘の高さの約 0.61 倍である。
>
> 図1―2の身長の分布の曲線は、式 (1.1) に含まれる平均値 μ と標準偏差 σ の値を変えながら、実際のデータに最もよく合うように調整して得られた、**ベストフィット**の曲線である。このようにして得られた μ と σ の値は、図1―2に示してあるように、μ は 170.57 cm、σ は 5.79 cm である。

標準的だとみなされているからである。

この正規分布がこれほどまでに生の測定データにぴったり合うからには、必ずそれなりの理由があるはずである。そのことについては後ほど議論することにして、ここではまず、正規分布とはどのような特徴をもつものかを説明しよう。正規分布を表す式はコラムで説明するが、その要点は釣鐘のてっぺんの位置である分布の**平均値**と、釣鐘の大まかな幅(分布のばらつき)を示す**標準偏差**という、二つの量で特徴づけられることである。

図1―2に示されているように、高校3年男子生徒の身長分布が正規分布と見事に合っていて、彼らの身長の平均値が約 170 cm であり、分布のばらつきの幅の半分を示す標準偏差が約 6 cm であることがわかった。すなわち、約 68 % の生徒は 164―176 cm の範囲におり、約 96 % の生徒は 158―182 cm の範囲にいることがわかっ

たのである。これは私たちの実感にも合致しているであろう。それでは、なぜ身長の分布が正規分布になるのであろうか。それを次に考えてみよう。

正規分布はなぜ現れるのか

たとえば、いま75歳である男性Aさんの身長が160 cmだとする。これはいまの男子高校生の平均と比べるとかなり低いけれども、同世代では平均より少し低めの程度である。どうしてこの値に落ち着いたのであろうか。

思い出してみると、Aさんは両親も背が低かったので、遺伝かもしれない。しかし親が低いのに背の高い友人もいたから、遺伝がすべてではないのは確かであろう。太平洋戦争中や戦後にはひもじい生活を強いられていて、幼少期の栄養不足のせいかもしれない。実際、戦後一貫して平均的に食糧事情がよくなり、児童生徒の平均身長が伸びたという事実がある。また、平坦な市街地ではなく、山のふもとで生まれ育ったせいかもしれない。あるいは、ある病気にかかり、しばらく寝込んだのがきいたのかもしれない。子供のころ、学校に行くのが好きになれず、特に体育の授業が嫌で、ほかの子供たちに比べてどちらかというと運動不足であったためであろうか。

このように、各個人の身長には、両親からの遺伝、家庭環境、衛生状態、教育事情、生まれた地域固有の事情など、個人的、社会的、自然的な要因がいろいろと考え

られる。しかもこれらの様々な要因は、少しは互いに関連しているものもあるが、おおむね関係なく独立に効いているように見える。すなわち、各個人の身長は、種々様々な多くの要因が互いにあまり関連することなくほぼ

独立に、幼少のころの成長期に次々に積み重なって影響した結果として、それぞれの値に落ち着いたものと思われる。

いろいろなモノゴトがでたらめに積み重なる（足し算される・加算される）ような過程を**加算過程**という。ある注目する量が、この加算過程のために少し大きくなったり小さくなったりして分布する場合には、その分布は正規分布になるということが数学的に証明されている（これを中心極限定理という）。

たとえば、鉛筆を 17.5 cm の長さに決めて製造するとしよう。出来上がった鉛筆の長さを1本1本測ってみると、17.5 cm ちょうどのものもあるが、それよりも少しだけ長いもの、短いものもあるであろう。

この誤差はどうして生まれるのであろうか。使う物差しがほんのちょっと狂っているかもしれないし、材料を切り出すときにほんの少し長くなったり短くなったりして狂うかもしれない。整形したり塗料を塗ったりしたときにも狂いが生じるかもしれない。このような様々なことがそれぞれ独立に積み重なった加算過程を経て、鉛筆という製品ができることになり、その長さを調べると 17.5 cm を中心にした正規分布になる。

サイコロ投げ

身近な例でもう少し詳しく考えてみよう。サイコロを投げたときに出る目の数は1から6までであるが、その

サイコロがイカサマでない限り、どの目が出るかはまったくでたらめである。このように、サイコロを投げること（**試行**という）などによって、でたらめな結果が起こるような出来事を**偶然現象**という。100円玉などのコインを床に投げて表が出るか裏が出るかなども典型的な偶然現象である。

それでは、サイコロを何度も投げたときに出る目の数を平均すると、1から6までの間のいくつくらいになるであろうか。もしそのサイコロがイカサマでなかったら、6つある目のどれもが等しく出る可能性があるので、1から6まで足した21を6で割った3.5が、出る目の平均の数である。サイコロを投げる回数が10回程度だと、出る目の平均がたまたま3.5から大きく外れ、5に近い値だったりして、このサイコロはもしかして6の目が出やすいイカサマではないかと疑うかもしれない。しかし、投げる回数を100回、1000回、10000回と増やすにつれて、平均の数は3.5に近付くはずである。

このように、サイコロ投げの回数を増やすにつれて、測定された出る目の数の平均値がある一定値に近付くことを、**大数の法則**という。5や6の目など、平均値より大きな目が出ても、まったく同じ割合で1や2などの平均値より小さな目も出るので、試行回数を増やせば増やすほどそれらはお互いに相殺しあって、平均的な値の3.5に落ち着くということである。

つぎに、同じようにイカサマでないサイコロを10個

用意し、それをコップに入れて広い床にじゃーっと放り出し、出た目の数の平均値を求める。この実験を1回行うと、得られた平均値は3.5に近いであろうが、正確に3.5とは限らない。この実験を何度も繰り返して試行回数を増やすと、それぞれの試行で得られた平均値は3.5を中心にしてその前後の値に分布するであろう。その分布の形が釣鐘状の正規分布になるというのが、大数の法則と並んで確率・統計の数学で最も重要な**中心極限定理**である。

以上のようなことを本物のサイコロを使って実験するのは、数回ならば面白いかもしれないが、何百回も繰り返すのは大変である。ところが、パソコンを使うシミュレーションでは、このような大変なことも容易に試すことができる。図1—4には10個のサイコロをいっぺんに転がして出た目の平均をとるというパソコンのシミュレーションを(a)100回、(b)1000回、(c)10000回繰り返して、それぞれの場合の平均値のデータを棒グラフで表したものである。また、図に一緒に描かれている曲線は、この場合に対応する正規分布である。

図1—4(a)ではサイコロの出た目の平均値は2から5の間に集中していることはわかるが、それが正規分布であるかどうかははっきりしない。すなわち、実験回数あるいはデータ数が100程度では統計分布を調べるにはデータの数が不足しているといわざるをえない。データ数を1000に増やした図1—4(b)では、正規分布らしさ

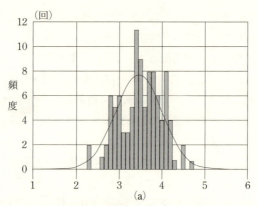

(a) 投げる回数は 100 回

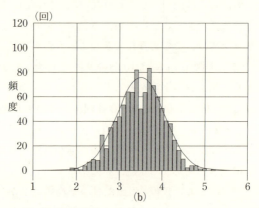

(b) 投げる回数は 1000 回

図 1-4　1 回に投げるサイコロの個数を 10 として、投げる回数を 100 回 (a)、1000 回 (b)、10000 回 (c) としたときの出た目の平均値の分布

第1章 統計的に考えるとはどういうことか

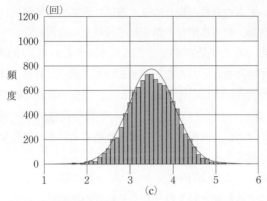

(c) 投げる回数は10000回

がかなり出てきているけれども、幾分不確かさ、あいまいさが残る。

ところがデータ数が10000になった図1―4(c)を見ると、データの分布が正規分布の曲線とよく一致し、得られたデータの分布が正規分布を示していると判定できるであろう。

ここでのポイントは、データ数が増えるにつれて分布の形がだんだん浮き上がってくる様子が図1―4を見るとよくわかり、データの分布を求めたい場合にはデータの数がいかに大切かということである。

ここで、サイコロ10個を使った実験と、大人の身長の分布との関連を考えてみよう。サイコロの出た目の数の平均値が正規分布になる理由は、10個のサイコロがそれぞれ独立に勝手な目の数を示したからである。同様

に、大人の身長の場合には、遺伝、家庭や地域環境、衛生状態、教育事情などがそれぞれ独立の要因となって、各自の身長が分布することになる。すなわち、10個のサイコロをいっぺんに転がすという1回の試行が、成長した大人一人に対応する。そして、一度の試行で転がす10個のサイコロのそれぞれが、子供時代の栄養状態や遺伝など、一人の大人の身長を決めるそれぞれ独立な要因に対応する。

さらにこの10個のサイコロを一度に投げる1回の試行による結果として得られた目の数の平均値が、その人が大人になった結果としての身長の値に対応する。10個のサイコロがすべて6の目を示すことがあるように、身長を決めるすべての要因が理想的で、結果として2mを超える身長の人がいるかもしれない。逆に、サイコロの目がすべて1を示す場合に対応して、どの要因も最悪で身長が150cmに満たない人もいるであろう。しかし、ちょうど10個のサイコロがすべて1の目や6の目を示すようなことがまれであるのと同じように、身長が極端に高かったり低かったりする例はまれなのである。

ここまでは10個のサイコロをいっぺんに投げるという1回の試行で得られた目の数の平均値と、一人の大人が成長した結果としてもつ身長との対応関係である。

このようなサイコロ投げの試行を1万回繰り返して、1万個の平均値のデータをとることが、1万人の大人の身長データを集めることに対応することになる。たった

10個のばらつきの要因しかなくても、データをたくさん集めると、図1―4(c)に見られるように、統計的に際立った性質としての正規分布が見事に現れてくることに注意してほしい。

大数の法則は、試行回数を増やすと平均値がある一定値に近付くと主張しているが、中心極限定理はさらに踏み込んで、平均値の周りのばらつきの分布の形が正規分布になることまで主張していることがポイントである。ここで最も重要なことは、多くの偶然現象が積み重なると、偶然的な影響が互いに相殺しあって一定の傾向が見えてくるようになるということである。

もっと簡単な例がコイン投げで、表が出たら1、裏が出たら0として、投げる試行回数を増やして、表裏の結果の総和を試行回数で割ると、平均値が得られる。これはちょうどサイコロの出た目の数の平均値に相当する。この場合に平均値はどうなるか、その周りの分布はどんな形になるかを考えるのも、一興であろう。

このように見てくると、大人の身長は、いろいろな偶然が重なり、積もり積もって、ある平均値と、その周りのばらつきの度合いである標準偏差をもつ正規分布を示すことがわかるであろう。

正規分布から予測ができる

正規分布は図1―3のように釣鐘状をしており、釣鐘のてっぺんの値が平均値を示し、釣鐘の幅が平均値から

のばらつきの度合いを表す標準偏差で与えられることはすでに述べた。図1—2に示した、高校3年男子生徒の身長の例では平均値が約170 cmで、それを中心に160—180 cm程度の範囲にばらついていることがわかったであろう。どこかで新しく高校を作ったとしても、そこに入ってくる高校生の身長はほぼ図1—2のような分布をすることは十分予想できることであって、たとえば、生徒たちに決してけがのないようにといって、教室の入り口の鴨居の高さをわざわざ250 cmにする必要はない。また、黒板の高さ、机や椅子の大きさなどの最適値はおのずと決まってくることになる。

すなわち、調べたモノゴトの分布が正規分布だとわかると、今度はそのモノゴトがだいたいどれくらいの値と頻度で起こるかがわかるのである。この意味で、正規分布の場合には、平均値を中心にして、それからのばらつきの程度を与える標準偏差の範囲内で出来事が起こるであろうという予測が可能だということになる。

身長の平均値はどのように決まるか

正規分布を特徴づける標準偏差はデータの値のばらつきの度合いを表す統計量であり、大人の身長の場合のばらつきは、その大きさはともかく、幼少期からのいろいろな要因が積もり重なって現れる。では正規分布を特徴づけるもう一つの重要な量である平均値はどのようにして決まるのであろうか。大人の身長の平均値が、図1—

2に示されているように、約170 cmになるのはなぜなのであろうか。

サイコロを何度も振る場合の統計については、前に詳しく見た。そのときに現れる目の数の平均値が3.5であるような正規分布になるのは、出る目が1から6までの6つで、どの目も等しい確からしさで現れるということが、はじめから決まっているからであった。

このように、モノゴトが起こる機構（からくり）やそれに加わる制限が規格化されていて、そのうえに偶然に起こる現象が積み重なると、その結果は、単一の機構または制限で決まる平均値をもつ正規分布になるということができる。たとえば、そば打ち名人がそばを切る際に、麺の幅をちょうど2 mmになるように決めて丁寧に切っても、何かのはずみでほんの少し幅の広いのや狭いのができるかもしれない。その幅の分布を調べると、平均値2 mmの正規分布になるというわけである。

しかし、大人の身長の平均値がなぜ約170 cmなのか、簡単にはわからない。ちなみに現時点でのギネス世界記録の最高身長は272 cmだそうであるが、これは成長ホルモンの異常な分泌の結果である。それでは、健康な普通の大人で270 cmの身長の人がどこを探してもまったく見つけられないのはどうしてであろうか。

人間は類人猿から進化して、直立歩行を始めたとされる。せっかく直立歩行で背伸びをしたのだから、類人猿の身長よりはおおむね低くないことは理解できる。他方、

生きていくためには誰もが必ず前屈して作業をしなければならない。しかし、前屈したが最後、直立できないのでは生き残れない。すなわち、あまりに身長が高いと、腰より上の体重が重くなって直立するときに背骨に負担がかかりすぎ、前屈から直立への動作が難しくなる。たぶん人間が類人猿から分かれて、本格的に直立歩行を始めてからの長い進化の過程で、170 cm 程度が生きていくうえで最も望ましく、それに向かって身体を作る仕組みが遺伝的に出来上がったからであろう。

酔っ払いの行き着く先

それでは、偶然現象で平均値を生み出すような機構や制限が見当たらない場合はどうであろうか。この場合も制限がまったくないという規制がかかっていると考えれば、測定データのばらつきはあるものの、プラス側とマイナス側が相殺しあって平均値は 0 だということになるであろう。これには面白い例がある。

いま、すっかり酩酊して、前後も左右も不覚になっているけれども、何とか歩ける酔っ払いの歩きぶりを想像してみよう。これも経験上容易に想像できる方も多いであろう。出発点から何歩か歩いたらもうどこに向かっているのかわからなくなり、勝手な向きに何歩か歩く。またわからなくなってでたらめに向きを変えて何歩か歩く。このような歩行をずっと続けると、ある時点でこの酔っ払いはどの向きにどれだけ進んでいるであろうか。

第1章 統計的に考えるとはどういうことか

　これは**酔歩の問題**として知られている。この酔歩の問題をぐっと簡単化して、左右に延びる直線上を一定の歩幅で1歩進むごとに左右でたらめに向きを変えるとしよう。この場合には、左右どちらにも優先的に進む向きがないので、どれだけ歩いても歩いた先の位置の平均値はもとの出発点であり、その意味で平均値は0である。それでも、必ずしももとの位置に戻るわけではなく、到達点には当然ばらつきがある。しかもこの場合、到達点の位置はまったくでたらめな歩行の積み重ねの結果なので、到達点の位置の分布は正規分布を示す。すなわち、この酔歩は平均値が0の正規分布を示す例である。

　簡単のためにたとえば歩幅を1mとして1万歩も歩いたら、この酔っ払いは出発点からどれくらい離れたところにいるであろうか。上で述べた平均値が0というのは、同じ酔っ払いが同じ1万歩の酔歩を何度も繰り返すか、多数の酔っ払いが同じ1万歩の酔歩を一度行って平均すると0になるということである。一人の酔っ払いの毎回の1万歩の酔歩の結果を見ると、ちょうどうまい具合に出発点に戻ることもあるが、大抵の場合、出発点の右か左のどこかにいることになるであろう。

　この酔っ払いが原点から出発して1万歩の酔歩を繰り返した後に、どの地点にどれくらいの頻度で到達するかを表す頻度分布（到達地点の**確率分布**）を示したのが図1―5である。これは平均値が0m、標準偏差が100mの正規分布であり、出発点から400m離れた地点にさえ

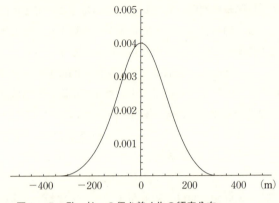

図1−5 酔っ払いの行き着く先の頻度分布

到達する可能性はほとんどないことがわかる。

　そこで、1万歩の酔歩の後に、左右を問わず、出発点からどれだけ離れたところまで到達するかということも問題にできる。これは酔歩の正規分布の標準偏差に相当する。しかも興味深いことに、この値は1万歩をすべてまっすぐ同じ向きに進む距離の平方根に等しく、100 mである。

　この酔っ払いが向きを変えずにまっすぐに歩いたら、10 km先までも行くことができる。しかし、実際にはたったの100 mくらいまでしか行けず、しかも左右どちらの向きに行くかもわからない。ただ、最初の1歩で向きを間違えてまっすぐに進んだために、酔いが醒めてみたら目的地から20 kmも離れたところに到達していたなどというよりは、出発点から100 mしか離れていな

かったというほうが、害が少ないといえるかもしれない。

筆者はかつて大学在職中に、少なくとも週に1度はこの酔歩の実験を試みるように心がけていた。実験の翌日の朝には、前夜のことはまったく覚えていないくらいに酩酊していたはずなのに、なぜか自宅のベッドにいる自分を見出すのであった。翌朝に目が覚めて、掌の切り傷や、メガネレンズの表面に無残な擦り傷ができているのを見つけたり、どこかで忘れ物をしたことがわかってでも、である。そんなわけで、平均値0の正規分布を示すような酔歩の実験に未だかつて成功したためしがない。どれだけ酔っ払っても、なぜか自宅への強いバイアスがかかっているようである。ただし、賢明なる読者諸氏に決してこの種の実験を勧めているわけではないことはわかっていただきたいと思う。

ブラウン運動

しかし、世の中にはこのような平均値0の正規分布を示すよい実例がある。コップの中の水は静止しているように見えても、個々の水分子は激しく運動しており、これを水分子の熱運動という。この水の中に1マイクロメートル（1 mmの1000分の1）くらいの大きさの微粒子（コロイド粒子と呼ぶ小さな粒子だが、水分子に比べるとはるかに大きい）を入れると、軽いので水中に浮かんでいる。しかし、この微粒子は周囲の水分子の激しい熱運動によって、前後左右上下にまったくでたらめに小突き回

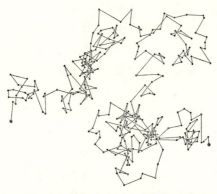

図1−6 ブラウン運動の例 (J. ペラン著、玉蟲文一訳『原子』岩波文庫)

される。このような微粒子の運動を発見者の名にちなんでブラウン運動という。

　このブラウン運動は肉眼では見えないが、顕微鏡で観察・記録すると、ほぼ完璧な酔歩であることがわかり、微粒子の位置の分布が平均値0の正規分布を示すのである。図1—6は、水中のコロイド粒子がどこにいるかを30秒ごとにプロットすることによって、ブラウン運動の様子を示したものである。この微粒子の"酔っ払い"ぶりがわかるであろう。このブラウン運動には、あの有名なアインシュタインが20世紀のはじめにそれを理論的に説明し、当時まだ疑われていた原子・分子の存在を実証する道を開いたというおまけまでついている。アインシュタインの科学の発展への功績は、相対性理論だけではない。

偏差値とは

高校入試や大学入試などの入学試験でよく話題になる**偏差値**も、正規分布に深く関係している。ある統計データがあって、それが正規分布に従うとしよう。この正規分布の平均値 μ と標準偏差 σ がどんな値であったとしても、図1―7に示されているように、それらを平均値50、標準偏差10の正規分布になるようにもとのデータの数値 x を変換することができる。こうして変換された数値 X をもとのデータの偏差値といい、いろいろな正規分布を単一の正規分布に標準化することに相当する。

もとのデータの数値 x から偏差値 X を求める変換式も図1―7に示してある。たとえば、全国的な学力テストが行われて、図1―7の左のグラフのように、国語の

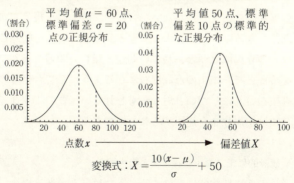

変換式：$X = \dfrac{10(x-\mu)}{\sigma} + 50$

図1―7　与えられた正規分布から標準的な正規分布への変換

平均値が60点、標準偏差が20点であったとしよう。このとき、80点をとった受験者の偏差値は図1—7に示した変換式に従って60であることがわかる。ところが数学の問題は難しくて、平均値が30点、標準偏差が10点であったとしよう。このとき、この受験者の点数が40点ならば、その偏差値は国語と同じく60である。

このように、どのような試験結果であれ、それを偏差値で表すと、50の前後で全体の上位にいるか下位にいるかが直ちにわかるという利点がある。そこで、ある学校のこれまでの入学者の偏差値がわかっていれば、それと自分の偏差値を比較することで、その学校の入学試験を受けるかどうかの判断に使えるというわけである。

しかし、注意しなければならないのは、試験結果が必ずしも正規分布とは限らないことである。全国的な学力テストのように、問題数が比較的多くて、それらの問題の難易度にあまり差がない場合には、確かに正規分布が期待できる。しかし、よくできる受験者が欲しい問題作成者の立場に立つと、易しい問題と難しい問題を織り交ぜることで、二山の点数分布になるようにして合格者の選抜を容易にしたいと思うかもしれない。このような場合には正規分布を適用することはできない。

統計的にモノゴトを扱うことの大切さ

目の前に偶然的に変動するようなデータがある場合、何はともあれ分布のグラフを描いてみることである。そ

うすることで分布の特徴を一見して見抜くことができるからである。もしその分布が左右対称な釣鐘状であれば、それは正規分布である可能性が高く、平均値やばらつきの幅に相当する標準偏差が求められる。そして、その平均値や標準偏差がどういう仕掛けでどのように決まっているかを調べれば、あるいは平均値の値を上げ下げしたり、標準偏差の値を下げてばらつきを少なくしたりする方策がわかるかもしれない。

たとえば、デパートの生鮮食品の売り場に毎日訪れる顧客数の分布は、曜日、天候、売り場が何階にあるか、それぞれの生鮮食品の売り場での配置など、多くの要因で決まり、それぞれの要因は独立している。また、これらの要因には販売促進のためにそれなりに変更することが可能なものもある。特に曜日によって顧客数の平均値が変わることは容易に想像でき、何曜日にセールを行えばよいか、おのずと決まってくる。

また、デパートの顧客数のばらつきには様々な要因が積み重なっているのであるが、それを分析することでばらつきの幅を狭めることもできるかもしれない。たとえば、週末にはそのときに学業のない子供や仕事が休みの若者から中年層の顧客が多いであろうが、平日は時間を持て余す老年層が多いかもしれない。そこで週末は若者向けの、平日は高齢層向けの販売企画をすれば、顧客数のばらつきは少なくなるであろう。

偶然的な現象から得られるデータが正規分布に従うこ

とがわかっていれば、次に同じ現象が起こっても、それに対して得られるデータの値は標準偏差の範囲内に収まるであろうと予測できる。この現象が危険なものであれば、ある程度の対策ができるという意味で重要である。たとえば、ある地域の年間降雨量が 1200 mm プラスマイナス 100 mm ぐらいに収まっているとすれば、それに応じて洪水の対策をすればよい。しかし、ここ数年は異常気象のせいか、年間降雨量がこれまでの平均値から大幅にはみ出して増えるようなことが観測されたとしよう。そのような場合には河川の堤防の補強など、早急に水害対策をしなければならないし、長期的には森林管理なども含めた治山治水に配慮しなければならないということになる。

正規分布は "正規" か

"正規" という言葉からは、通常、何か基準となるようなもの、標準的なものを連想する。それではこれまで詳しく説明してきた正規分布は本当に基準となる標準的な統計分布なのであろうか。

コンビニやスーパーで販売されているペットボトル入りの 1 リットルの飲料水の実際の水の量を測ると、平均値 1 リットルの正規分布を示すであろう。この意味では正規分布の例はいくらでもあるということができる。

確かに厳格な規格のもとに製造された工業製品などは大きさといい、重さといい、製造工程に想定外の誤りや

事故などがない限り、その統計分布は間違いなく正規分布に従う。逆に完成品の抜き取り検査をして統計分布が正規分布でなければ、必ず製造工程のどこかに問題があるはずである。

　しかし、いったん身の回りの社会や自然界のモノゴトに目を移すと、そう簡単になじみのある正規分布の例に巡り合うことがない。たとえば、高校3年男子生徒の身長が図1─2に見られるようにきれいな正規分布を示すのであれば、彼らの体重も正規分布ではないかと思われるかもしれない。しかし、実際には正規分布からはっきりと外れることは、後の章で議論されることである。

　それでは、偶然的に変動するように見えるデータが正規分布に従わなかったら、どう考えればよいのであろうか。もちろん、正規分布に従うにはそれなりの理由があったのと同じように、従わない場合にもちゃんとした理由があるはずで、その理由を追求することはとても興味深いことであろう。特に、地震大国に住む私たち日本人にとって、地震の頻度分布がどんなものかは、重大な関心事である。そこで次章では地震を取り上げてみよう。

第 2 章
べき乗分布
—— 地震の発生頻度を例にして

前章では偶然的な現象にはあたかも正規分布が付き物のように記してきたが、実は世の中には正規分布で説明できないことのほうがはるかに多い。その典型的な例が、私たち日本人には馴染み深い地震である。

　地震についての詳しいことはのちに記すことにして、地震の大きさを横軸に、その大きさの地震が1年間に起こる頻度を縦軸にとると、図2—1のように右肩下がりになるような分布が得られる。このような分布を**べき乗分布**といい、大まかにいって、大きくなればなるほど頻度が下がるような傾向を表す分布ということができる。経験的にも小さな地震は圧倒的に多く、規模が大きくなるにつれて回数が少なくなり、巨大地震は何百年に一度

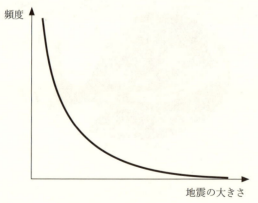

図2−1　べき乗分布の大まかな様子

という、ごくまれにしか起こらないことはよく知られている。このことが図2—1のような右肩下がりのべき乗分布で見事に表されるのである。

本章では、地震を例にしてこのべき乗分布について考えてみる。ただ、その前に「べき乗」とは何かを説明しよう。

べき乗とは

べき乗とはある数を何度か掛ける演算をいう。「べき」は冪と書き、同じものを何度も掛けることを意味し、累乗ともいう。このとき、掛ける数を a、掛ける回数を p とすると、この場合のべき乗は a^p と表され、「a の p 乗」という。たとえば、a を10に、p を3にすると、10を3回掛けて $10 \times 10 \times 10 = 1000$ になるが、それを 10^3 と表すのがべき乗である。ここで、a を**べき乗の底**、p を**べき指数**といい、10^3 の場合は10がべき乗の底、10の右肩の数3がべき指数である。これより $10^2=100$、$10^4=10000$ となることなどもすぐにわかるであろう。

底が共通の二つのべき乗 a^p と a^q の積（掛け算）$a^p \times a^q$ は、べき指数を足し算した a^{p+q} と表される。これは $10^2 \times 10^3 = 100 \times 1000 = 100000 = 10^5 = 10^{2+3}$ から明らかであろう。また、積の逆の演算は商（割り算）なので、二つのべき乗 a^p と a^q の商 $a^p \div a^q = \dfrac{a^p}{a^q}$ はべき指数を引き算（足し算の逆の演算）した a^{p-q} で表される。これも 10^3 を

> **べき乗の図式**
>
> $a^p = a \times a \times a \times \cdots\cdots \times a$ （a の数は p 個）
>
> ↓べき指数 / ↑べき乗の底
>
> $10^3 = 10 \times 10 \times 10 = 1000$
>
> $10^{-1} = \dfrac{1}{10} = 0.1$
>
> $10^{-3} = \dfrac{1}{10} \times \dfrac{1}{10} \times \dfrac{1}{10} = 0.001$

10^2 で割ってみれば、$10^3 \div 10^2 = 1000 \div 100 = 10 = 10^1 = 10^{3-2}$ から明らかであろう。特に $p = q$ のとき、同じ数で割ることになるので、底 a の値によらず、$a^0 = 1$ となる。たとえば、$10^0 = 1$ である。

さらに、べき指数は負の数でもよく、分数や小数でも構わない。たとえば、10^2 を 10^3 で割ると 0.1 が得られるが、べき乗の形では 10^{-1} と表され、$10^{-1} = \dfrac{1}{10} = 0.1$ となる。また、$10^{-3} = \dfrac{1}{10} \times \dfrac{1}{10} \times \dfrac{1}{10} = 0.001$ なども明らかであろう。また、$10^{\frac{1}{2}} \times 10^{\frac{1}{2}} = 10^{(\frac{1}{2}+\frac{1}{2})} = 10^1 = \sqrt{10} \times \sqrt{10}$ となるので、$10^{\frac{1}{2}}$ は 10 の平方根 $\sqrt{10}$ である。

べき乗分布

べき乗分布とは、べき乗の形で表される分布のことで、

地震の場合についていえば、図2—1のように地震の頻度が地震の大きさ（エネルギーE）に対してべき乗の形E^{-b}で表されることをいう。

べき乗分布についての最も重要なポイントは、どこが大きさの平均値なのかがわからないことである。図1—2や図1—3の釣鐘状の正規分布と違って、図2—1のべき乗分布では分布のてっぺんが見られず、大きさのどの値を見ても分布は減少しているだけで、これといった典型的な大きさの値が見当たらない。すなわち、大きさの特徴的なサイズ（スケール）がない（スケールに関してフリー）のである。このような特性を**スケールフリー性**という。すなわち、地震には特徴的な大きさが見られず、地震はスケールフリーの特性をもつのである。

コラム：べき乗分布

発生した地震の大きさを表すエネルギーなどの測定データの値をxで表し、xがどれくらいの頻度で一定の期間中に起こるかを示す分布関数を$f(x)$で表すと、べき乗分布は次のような、比較的単純な式で表される。

$$f(x) = Ax^{-\alpha} \tag{2.1}$$

べき乗関数 $f(x)=x^{-2}$ の数値変化	
x	$f(x)$
1	1
2	1/4＝0.25
3	1/9＝0.1111…
4	1/16＝0.0625
5	1/25＝0.04
6	1/36＝0.0277…
⋮	⋮
10	1/100＝0.01

この式の中の A は単なる係数であり、重要なのは分布がべき乗的であることを表す正の定数 α である。この定数 α はべき指数と呼ばれる。

(2.1) は、α にマイナス符号がついているので、x が大きくなるにつれて頻度 $f(x)$ が次第に小さくなることを示し、図2—1の右肩下がりの傾向をよく表すことがわかる。たとえば、$A=1$、$\alpha=2$ として、表を作ってみると、$f(x)$ の値が図2—1のように減少する様子がよくわかる。

式 (2.1) のようなべき乗分布を示す現象は、地震に限らず多くの例が知られている。代表的な例をあげるだけでも、高額所得者の個人所得、単語の使用頻度、都市人口、北海道網走沖に流れ着く流氷のサイズ、隕石や小惑星のサイズ、月面のクレーターのサイズ、ウェブの被リンク数、生物のサイズと基礎代謝（アロメトリー則という）、オンラインショップのユーザーレビュー数と賛同数など、非常に多彩である。

たとえば、シェイクスピアの『ハムレット』の全英文に含まれる個々の英単語の出現頻度を調べてみると、

第2章 べき乗分布

図2-2 月面のクレーター (撮影・吉田隆行)

the、of、to などの単語の出現回数が多いことは容易に想像できるであろう。ここで出現回数を横軸に、それぞれの出現回数をもつ英単語の数を縦軸にしてプロットすると、ちょうど図2―1のようなべき乗分布をするというわけである。

英単語の代わりに都市を考え、英単語の出現回数に都市の人口を、英単語の数に都市の数を置き換えてみても、人口の少ない都市の数が多く、人口が増えるにつれて都市の数が減ってきて、東京、大阪のような大都市はごく少数であることがわかり、やはりべき乗分布となることが知られている。このようなべき乗的な振る舞いを特に**ジップ則**という。

図2―2に月面クレーターの写真を示す。大きなクレーターは少なく、小さくなるにつれて数が増えるというべき乗分布の様子が見て取れるであろう。

今度ラーメンを食べるときにスープの表面をまじまじと眺めてみてほしい。きっと丸い油が浮かんでいるのに気がつかれるはずである。それが月面のクレーターと同じように大小様々であることにも気づかれるであろう。写真を撮ってサイズがべき乗分布になっているかどうかを調べるのも一興であろう。

地殻の運動――プレートテクトニクス

私たちが住む「青い惑星地球号」は、太陽系ができて以来、その惑星の一つとして45億年の歴史を背負って

生きている。地球が生きていることの日常的な証しが地震であり、火山の活動であって、我らが日本では特にそのことを実感する機会に恵まれている。

地球表面が生きている証しに関しては、地球科学の主要な理論である**プレートテクトニクス**が説明してくれる。これは1912年のウェゲナーの**大陸移動説**から始まるといっていい。この大陸移動説は、はじめくっついていた大陸が何らかの原因によって分離し、互いに移動したとする仮説である。

ウェゲナーは、南アメリカ大陸とアフリカ大陸の形をおおむねそのままにして切り離し、地球表面で自由に動かしてみると、ジグソーパズルのピースのように一つの大きな大陸にまとまることを指摘した。南アメリカ大陸の東岸とアフリカ大陸の西岸がぴったり合うことは、地球儀を見れば明らかであろう。

ウェゲナーはそれだけでなく、現在は離れている両大陸間の地質構造がよく似ていること、古生物化石の分布に連続性が見られること、海を渡ることができないはずの生物種が両大陸にまたがって分布することなどを指摘して、大陸移動説を唱えたのである。

しかし、ウェゲナーがこの説を唱えたころは地球内部の構造がよくわかっていなかったために、肝心の大陸を移動させる駆動力を説明することができなかった。それで、彼の考えは地球科学の定説にはならず、その後も20世紀半ばまでずっと無視され続けた。

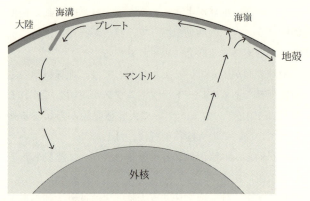

図2-3 地球内部の模式図

その後次第に地球内部の構造が解明されるようになり、1960年代にはプレートテクトニクス理論が地球科学の定説になった。地球の半径はほぼ6300 kmであるが、図2-3に模式的に示されているように、その表面は厚さ約10—30 kmの薄い地殻でできていて、内部に行くとマントル層、金属質の外核、内核へと続く。地殻とマントル層はともに岩石質であるが、マントル層は高温のために、地殻と違って幾分か流動性があり、層内でゆっくりした対流を示す。この対流が地球表面の薄くて固い地殻をいくつかの岩盤(プレート)に割り、そのプレートを動かすのである。

このように、プレートテクトニクス理論は、地球表面の地殻が図2-4のように十数個のプレートからなり、それらがマントル対流によって移動するとして、ウェゲ

図2−4　主要なプレートの位置（杉村新・中村保夫・井田喜明編『図説地球科学』岩波書店、1988をもとに作成）

ナーの大陸移動説を見事に説明する。図2―3の右上に示されているように、プレートは海嶺で生まれ、1年に数cm〜十数cmの速さで水平に移動する。海嶺は海底に延々と続く、細長くて幅の狭い山並みの地形であり、図2―4の南北アメリカ大陸とヨーロッパ・アフリカ大陸のほぼ中央を走る大西洋中央海嶺がその典型例である。図2―3の左上に示されているように、相対的に動きの速いプレートが遅いプレートにぶつかると、その境界に海溝を作って下に潜り込み、高温のマントルに溶けて消える。

地震はなぜ起こる

このように、現代のプレートテクトニクス理論によると、地球表面の地殻は大まかにいって十数個のプレートでできていて、それらがひしめきあっている。すると、

図2−5　地震の震央の分布（杉村新・中村保夫・井田喜明編『図説地球科学』岩波書店、1988をもとに作成）

そのプレートがマントル対流で動くといっても、固体のプレートが球面上で何の抵抗もなく滑らかに動くことはできるはずがない。二つのプレートがぶつかったり、すれ違ったり、新しくできて両側に離れていくようなところでは、それらは互いにガタピシするのであって、決してスーッと滑らかに動くことはできない。

プレートのこのガタピシ運動が私たちの感じる地震なのである。図2−5は、1964—82年の間に世界で起きたマグニチュード4以上で、深さ100kmより浅いところで発生した地震の発生点である震央を点で示したものである。図2—4のプレート境界と比べてみれば、地震がプレート境界で起きていることをはっきり読み取ることができるであろう。

地震は必然的な自然現象

地震がプレート間の相対運動に伴った摩擦の結果であるという意味で、地震は必然的に発生する。地震は地球が生きていることの証拠なのであり、その地球に住んでいる私たちは地震を避けることができず、それとの共存は宿命と思わなければならない。ただ、図2―5に見られるように、地震の分布は決して一様ではなく、プレートの境界に集中しているのは、プレート間の相対運動の違いから地震が起こることを考えると致し方ない。

私たち日本人の誰もが知っているように、日本は地震がとりわけ多い国である。図2―5から明らかなように、震源地の点があまりにも多くて、島国の形がよくわからないほどである。その理由は、図2―4、より詳しくは図2―6からわかるように、日本の近くでは、太平洋プレート、フィリピン海プレート、ユーラシア・プレート、北米プレートの4つものプレートがひしめきあっているからである。しかも、相対的に動きの速い太平洋プレートとフィリピン海プレートがほぼ隣り合って南東から北西に向かって動き、それぞれ、北米プレートとユーラシア・プレートの下に潜り込んでいる。これでは日本列島が地震王国であることも納得できるというものである。

私たちにとってまだ記憶に新しい2011年3月11日の東北地方太平洋沖地震は太平洋プレートが北米プレートにぶつかる、東北地方の太平洋沿岸域あたりで発生し

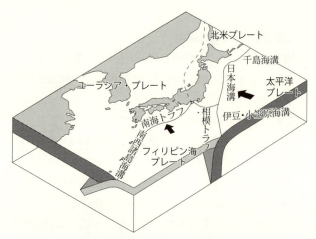

図2−6　日本の近くでのプレートの配置（気象庁ホームページ）

たものである。また、近い将来に発生することが危ぶまれる東南海地震は、フィリピン海プレートがユーラシア・プレートにぶつかる遠州灘、紀伊半島、四国・九州沖の、図2−6に記された南海トラフあたりで起きることが予想されている。ときどき長野県や新潟県で大きな地震が発生してニュースになるが、これらは、図2−6から明らかなように、北米プレートとユーラシア・プレートが境界をなす駿河湾から糸魚川に抜ける、いわゆるフォッサマグナの周辺で起きている。

地震発生は偶然的

それでは、一つのプレートが別のプレートにほぼ一定

の速さで潜り込んでいるのだから、地震はほぼ一定間隔で周期的に起こるものであろうか。図2―4を見てわかるように、北米太平洋岸近くでは太平洋プレートと北米プレートが接しており、前者が後者とすれ違うように動いている。それが結果として有名なサンアンドレアス断層（図2―7参照）という目に見える断層を作りだし、北米太平洋岸に多くの地震を発生させている。

　このサンアンドレアス断層上のパークフィールドというところで、記録に残る限りで1857年、1881年、1901年、1922年、1934年、1966年と、100年ほどにわたってほぼ周期的にマグニチュード5.5～6程度の地震が起こった。それで、地震の発生間隔の平均値22年からのずれが正規分布だと仮定してそのずれの標準偏差7年から、1966年の次は1988±7年に起こるはずだと予想されたのであるが、この予想はまんまと外れてしまった。実際には、38年も後の2004年にパークフィールドでマグニチュード6の地震が起こったのである。

　二つのプレートの境界は複雑な形で接しているのであって、決して滑らかな固体が重なったりしているわけではない。二つのプレートが相対的にほぼ一定の速さで動いているといっても、それらの境界でガタピシして発生する地震が間欠泉のように周期的に発生するとはとても思えない。すなわち、地震の発生そのものは必然であっても、それがいつ起きるかは偶然であるということができる。

図2-7 サンアンドレアス断層 (写真・アフロ)

第2章　べき乗分布

地震予知は可能か

　サンアンドレアス断層の動きは比較的単純な横ずれである。それでも地震の予知ができなかったのは、単に偶然のせいであろうか。二つのプレートが相対的に横ずれで動いている場合には、その境界のあるところでは、引っ張られては外れ、また引っ張られては外れ、ということがほぼ周期的に繰り返され、そのたびに同じ程度の強さの地震が起こることも考えられる。

　このとき、いったん地震が起こったとして、次にいつ起こるかは正確にはわからないという意味で、地震の発生は偶然である。しかし、地震の発生がほぼ周期的に繰り返されるのであれば、その場合の地震発生間隔の値の分布は、図1—2や図1—3のような釣鐘状の正規分布を示すことになる。そうであれば、地震の規模と発生間隔の平均値があることになり、それなりの地震の予知が可能ということになる。しかし、実際には、上述のように予知はできなかった。

　前にも記した2011年3月11日の東北地方太平洋沖地震（マグニチュード9.0。これは地震そのものの名称で、それに伴う震災は3・11東日本大震災という）とそれに伴う津波、加えて東京電力の福島第一原子力発電所の炉心溶融という大事故は、東北地方を中心に甚大な災害をもたらした。科学技術立国と称してこれまで地震予知に多大の予算がつぎ込まれてきたが、3・11東日本大震災は

まったく予知できなかった。それどころか、地震予知そのものがいまだに見通しすら立っていない。なぜであろうか。

地震は必然的な自然現象であり、それがプレートテクトニクス理論で説明できることはこれまでに記してきたとおりである。してみれば、地震の発生に規則性があると考えるのはそれこそ自然なことであろう。問題はどのような規則性があるのかということである。もし柱時計の振り子のように周期的であれば、地震の発生時期まで容易にわかることになる。

しかし、地殻は大小様々で種類も多様な岩石でできており、空洞部分やそれに水が詰まった水脈もあって、物質的に決して一様ではない。そのうえに、地層が皺状(しわ)になっていたり、それに断層が走っていたりして、地殻は構造的にも一様でないし、どこかの向きにきれいにそろっているということもない。すなわち、地殻は複雑なものが複雑につながってまとまっている複雑系（複雑系については第３章で詳しく説明する）の典型例と見ることができる。

このような複雑な地殻からなるプレートの動きが、投げられた野球のボールが放物線を描いたり、ばねにつながれたおもりが周期的に上下に動くなどというような簡単な力学的運動として理解できるはずもない。この意味では、地震予知はとてもおぼつかないといわざるをえない。

地震発生の統計的規則性——グーテンベルク・リヒター則

他方で、図2—5で見られるように、地震の観測は行き届いており、地震発生のデータは豊富であって、統計分析の格好の対象である。そこでまず、地震発生の頻度分布を見てみよう。

たとえば、日本で過去100年間に観測された地震のデータを詳細に調べても、地震発生に周期性は見られないし、起こった地震の大きさもまちまちで規則性があるようには見えない。そこで、この期間中でいつ地震が起こったかは忘れて、その期間中に起きた地震をマグニチュードの大きい順に並べて順位表を作ってみよう。順位1位（$N=1$、東北地方太平洋沖地震、2011年3月11日）：マグニチュード9.0、順位2位（$N=2$、十勝沖地震、1952年3月4日）：マグニチュード8.2、……などという表を作るのである（表2—1）。

そこで、横軸にマグニチュードを、縦軸に順位をとってプロットしてみると、おおむね図2—8のようになり、その変化は破線で示したように、図2—1のようなべき乗的な振る舞いを示すことがわかる。しかし、これでは順位がマグニチュードとともに減少することがわかっても、グラフの右側のマグニチュード7以上ではデータを表す点がぴったり横軸にくっついて見えるので、どのように下がっているのか皆目わからない。

その理由は、マグニチュードの変化に対して順位があ

表2－1　過去100年間に日本で発生した地震の順位

順位	発生年月日	地震名（震源地）	マグニチュード
1	2011. 3.11	東北地方太平洋沖地震（東日本大震災）	9.0
2	1952. 3. 4	十勝沖地震	8.2
3	1994.10. 4	北海道東方沖地震	8.2
4	1933. 3. 3	三陸沖地震	8.1
5	1958.11. 7	（択捉島付近）	8.1
6	1963.10.13	（択捉島付近）	8.1
7	1918. 9. 8	（ウルップ島沖）	8.0
8	1946.12.21	南海地震	8.0
9	2003. 9.26	十勝沖地震	8.0
10	1923. 9. 1	関東大震災	7.9
11	1944.12. 7	東南海地震	7.9
12	1968. 5.16	十勝沖地震	7.9
13	1993. 7.12	北海道南西沖地震	7.8
14	1983. 5.26	日本海中部地震	7.7
15	1994.12.28	三陸はるか沖地震	7.6
16	1938.11. 5	福島県沖地震	7.5
17	1940. 8. 2	積丹半島沖地震	7.5
18	1964. 6.16	新潟地震	7.5
19	1968. 4. 1	1968年日向灘地震	7.5
20	1993. 1.15	釧路沖地震	7.5
21	1936.11. 3	宮城県沖地震	7.4
22	1947. 9.27	（与那国島近海）	7.4
23	1953.11.26	房総沖地震	7.4
24	1973. 6.17	根室半島沖地震	7.4
25	1978. 6.12	宮城県沖地震	7.4
26	1924. 1.15	丹沢地震	7.3
27	1927. 3. 7	北丹後地震	7.3
28	1930.11.26	北伊豆地震	7.3
29	1995. 1.17	阪神・淡路大震災	7.3
30	2000.10. 6	鳥取県西部地震	7.3
31	2012.12. 7	（三陸沖）	7.3
32	2016. 4.16	熊本地震	7.3
33	1938. 6.10	（東シナ海）	7.2
34	1941.11.19	（日向灘）	7.2
35	1943. 9.10	鳥取地震	7.2
36	1961. 8.12	（釧路沖）	7.2
37	1972.12. 4	1972年12月4日八丈島東方沖地震	7.2
38	2005. 8.16	（宮城県沖）	7.2
39	2008. 6.14	岩手・宮城内陸地震	7.2
40	2011. 4. 7	（宮城県沖）	7.2
41	1931.11. 2	（日向灘）	7.1
42	1945. 2.10	（青森県東方沖）	7.1
43	1948. 6.28	福井地震	7.1
44	1962. 4.23	（十勝沖）	7.1
45	1982. 3.21	浦河沖地震	7.1

（『理科年表2019年版』）

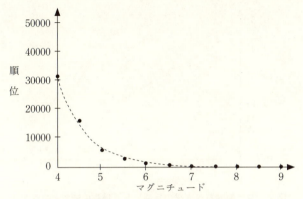

図2−8　地震の順位とマグニチュードの関係

まりにも激しく下がるので、縦軸の順位を普通の目盛で表すと、順位の上位の部分の変化が見えなくなるからである。そこで、縦軸の順位の最高値を図2−8の50000ではなく、100にすると、今度はマグニチュード7以上の順位の変化がよく見えるけれども、それ以下のマグニチュードの順位はグラフをはるか上に飛び出して、やはり順位の変化が見えなくなる。

このような場合に、マグニチュードの全域にわたって順位の変化がよく見えるようにする便利な方法があるので、それを説明しよう。図2−8では横軸はマグニチュードの値が4、5、6、7、8、……と等間隔で目盛ってあり、縦軸の順位も0、10000、20000、……と等間隔で目盛ってある。これに対して縦軸の目盛を1、10、100、1000、10000、……として、それらを等間隔で目盛ると

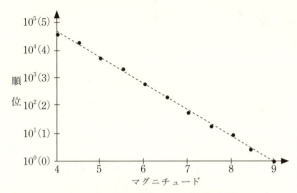

図2-9 縦軸をべき乗の目盛にした地震の順位とマグニチュードの関係

どうなるかを考えてみよう。この目盛は、本章のはじめに説明したべき乗を使うと、10をべき乗の底にした10^0、10^1、10^2、10^3、10^4、……で表される。べき乗を使ったこの書き方だと、1億が10^8と表されて、1の後に0を8個並べるよりずっと簡単になる。

図2—8に示したグラフを、縦軸の目盛を10のべき乗の10^0、10^1、10^2、10^3、10^4、……にして描きなおしたグラフが図2—9である。図2—8に比べて、このグラフのほうがマグニチュード、順位の全体にわたってはるかに見通しがよいことがわかるであろう。さらに、順位がマグニチュードの変化に対してほぼ直線的に変化することも、一目瞭然である。これは明らかに一種の規則性であり、その発見者B. グーテンベルクとC. リヒターにちなんで**グーテンベルク・リヒター則**と呼ばれている。

第2章　べき乗分布

対数目盛

ここで、非常に大きな数やごく小さな数をさらに簡単に表す方法があるので、それを紹介しよう。それは、与えられた数を、適当な数を底に選んでべき乗の形で表し、もとの数をそのときのべき指数で代用する方法である。底を10に選んだ上の例でいうと、$1=10^0$をそのべき指数である0で、$10=10^1$を1で、$100=10^2$を2で、$1000=10^3$を3で、$10000=10^4$を4で代用するのである。

このように、与えられた数をべき乗で表し、そのべき指数でもとの数の代わりにすることを「**対数をとる**」といい、ごく小さな数から非常に大きな数まで、一緒に並べて比べたい場合にとても便利である。上の例の場合には、1から10000までの範囲の数を0から4までに縮めて扱うことになり、極端に大小の差がある数を同列に扱わなければならないときに非常に便利な数え方であることがわかるであろう。

原子の大きさは約10^{-10} m（1オングストローム）、地球の半径は約6300 km＝6.3×10^6 m、地球から太陽までの距離は約1.5×10^8 km＝1.5×10^{11} mであって、このままでは極端に大小の差がある。ところが、対数を使うと－10から＋11程度の間に収まってしまう。対数を使うと、大きさに極端な差がある場合でも日常的になじみのある普通の数に変えることができて、グラフに表す場合にとても便利である。

グラフの横軸や縦軸を対数で表すような場合、このような目盛を**対数目盛**といい、極端に小さな数値を大きく広げ、極端に大きな数値をぐっと縮めて示すのに便利な目盛である。図2—9の縦軸の順位の目盛 10^0、10^1、10^2、10^3、10^4、……の横のかっこの中に0、1、2、3、4、……と記してあるが、これが順位の対数目盛である。すなわち、図2—9の縦軸の目盛は実は対数目盛だったのである。図2—9の場合には縦軸だけが対数目盛であって、横軸のマグニチュードは普通の目盛なので、**片対数目盛**という。

ともかく、図2—8や図2—9からわかることは、地震のマグニチュードが小さくなるにつれて、その微小な差で地震の順位が急速に下がることである。これは、マグニチュードが小さい地震は大きい地震より頻度がずっと高いことを表し、私たちの日常的な感覚とよく合っている。

地震のマグニチュード

ところで、地震の強さは場所によって変わる揺れの大きさ（震度）ではなくて、地震が生み出したエネルギーの大きさで測るほうが科学的である。実は、地震が解放するエネルギーは3・11東北地方太平洋沖地震のような巨大地震から身体に感じないような微小地震まで、それらの値には極端な開きがある。そこで、その値をこれまでに述べた対数で表したのが、地震のマグニチュード

(M) なのである。

ただ、地震のエネルギーをべき乗に表すときの底を歴史的に$\sqrt{1000} \cong 31.6$（≅は右辺が左辺にだいたい等しいことを表す記号）とする約束のため、少々ややこしく、マグニチュードが1増えると、地震のエネルギーは約31.6倍に、2増えるとちょうど1000（$\cong 31.6^2$）倍になることになる。したがって、最近ときどきニュースになるM4.0程度の茨城県沖地震とM9.0の東北地方太平洋沖地震とでは、マグニチュードが5ちがうので地震のエネルギーに約3000万（$\cong 31.6^5$）倍もの差があることになる。

そのために、図2—9の横軸をマグニチュードでなくてそのまま地震のエネルギーで表すと、横軸も縦軸と同じく10^0、10^1、10^2、10^3、10^4、……と変わるような対数目盛になる。この場合、両軸とも対数目盛なので**両対数目盛**といい、ともにものすごく大きく変化するような二つの量の比較に便利な目盛の取り方である。

このような比較がすぐにできるように、両軸が対数目盛にしてあるものが両対数グラフ用紙として市販されている。もちろん、片方の軸だけが対数目盛の片対数グラフ用紙もある。また、二つの量がべき乗関係にあるとき、両対数グラフ上では直線になるということがわかっており、べき乗関係があるかどうかの判定に両対数グラフはとても便利である。

地震の頻度はべき乗分布

以上に説明したように、図2—9で横軸を地震のエネルギーと読みなおした場合、地震の頻度のデータが見事に直線上に乗ることがグーテンベルク・リヒター則としてわかっている。したがって、地震の大きさの順位NとエネルギーEの間にはべき乗関係があると結論することができる。このような場合には、地震の頻度もべき乗分布に従うことは、次章で詳しく説明する。すなわち、地震のエネルギーEに対する地震発生の頻度分布$p(E)$は図2—1のようなべき乗分布であって、決して図1—2や図1—3のような釣鐘状の正規分布ではない。

地震発生の頻度分布がべき乗則に従うということは、前に図2—1に関連して説明したように、地震には平均的なエネルギーというようなものがないということである。もちろん、大きな期間をとれば、その間にどれくらいの大きさの地震がどれくらいの頻度で起こるかは確率的に推定することはできる。しかし、地震には平均的な大きさがないので、次に起きる地震が大きいのか小さいのか何もいえない。

この意味で、たとえこれまでの地震発生のデータを詳しく分析しても、個々の地震の発生については正確にいつ起こるかわからず、偶然的であるということになる。その偶然性も、図1—2や図1—3のような釣鐘状の正規分布から期待されるような、平均値があってばらつきの幅に相当する標準偏差があるという意味で手なずけや

第2章 べき乗分布

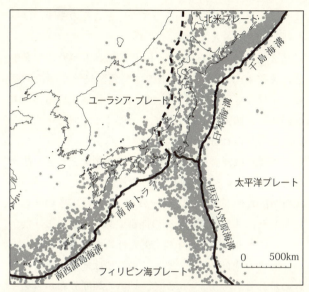

図2−10　日本の周辺での震央分布（文部科学省『地震がわかる！』）

すい偶然性ではなくて、図2−1のようなべき乗分布に付随したずっと厄介な偶然性である。

地震の発生地点（震央）の分布が一様でないのは図2−5を見れば明らかであるが、それにしても濃淡が極端で、ほとんど起こらないところから、かなり頻繁に起こるところまで様々である。広く世界的に見ると、ロシアや北欧、アフリカ、オーストラリアなどではほとんど地震が起こらないが、アジアから中東にかけて、および南北アメリカの西海岸ではよく起こる。さらに興味深いのは、よく地震が起こるアジアだけを拡大してみると、や

はりよく起こるところとそうでないところの濃淡がはっきりしていることである。

図2—10は、1998年から10年間に日本の周辺で発生したマグニチュード4以上の地震の震央分布図である。これを見てもわかるように、いっそう領域を狭めて日本国内だけを拡大して見ても、よく起こる地域とそうでない地域が見られる。

このように、震央の分布について地図をどんどん拡大してみると、いつでも同じような濃淡が見え、濃淡の差に特徴的な値がないことがわかる。これは本章のはじめに記した、スケールフリーの性質である。このような、スケールフリーで入れ子構造的な性質を**フラクタル**といい、震央の分布がフラクタルであるのは地殻構造の複雑さの現れであろう。ともかく、地震の頻度分布がスケールフリーなべき乗分布であり、震央の地球表面での分布がスケールフリーなフラクタルであることは興味深い。

第 3 章
複雑系とランキングプロットの効用

前章で見たように、地震とは蓄えられていた地殻の歪みのエネルギーが突然一気に解放される現象である。地震の発生頻度とそのエネルギーとはグーテンベルク・リヒター則に従っており、べき乗の関係にある。すなわち、微小な地震はしばしば発生し、地震の規模が大きくなるにつれて起こりにくくなり、巨大地震は非常にまれにしか発生しない。

　このようなべき乗分布を示す現象は、地震に限らず多くの例が知られている。第2章でのべたように代表的な例をあげるだけでも、高額所得者の個人所得、単語の使用頻度、都市人口、隕石や小惑星のサイズ、月面のクレーターのサイズなど、非常に多彩である。面白い例では、月面で採集された石のサイズもべき乗分布であることが報告されている。また、べき乗分布を示す月面のクレーターが実際にどのように見えるかは、図2―2に示したとおりである。

　このような例を見ていると、べき乗分布が世の中の一般的な統計分布ではないかと思いたくなる。そこで本章ではまず、べき乗分布が複雑な系に普遍的な統計分布かどうかを見てみよう。また、それをチェックするための簡単で便利な方法であるランキングプロットも紹介する。

第3章 複雑系とランキングプロットの効用

複雑系とは何か

上にあげたべき乗分布の例に共通しているのは、地震や言葉の使用頻度をはじめとして、すべてが複雑なモノゴトに関する統計だということである。

互いに何らかのつながりをもっているものの集まりを**系**という。箱の中にみかんが50個入っていれば、これはみかん50個からなる系である。小学校は小学生と教職員の集まりであり、一つの系とみなされる。私たちの身体は脳や心臓、胃や大腸など、様々な器官からなる系である。

このような系の中でも、多種多様な物や人が多数集まって、複雑に絡みあい、関係しあいながらも、一つにまとまっているような系を特に**複雑系**という。まとまっているといっても、その一つのまとまりがそれ以外から孤立しているとは限らない。私たちヒトを含めた生物の生体組織（脳、胃や大腸などの臓器など）はそれぞれが複雑系であると同時に、それらが集まった個体（私たち一人ひとりや犬・猫などのそれぞれ）も一つの複雑系であり、さらに生き物が集まってできる生態系もまた複雑系である。地球環境そのもの、あるいはその中で行動する人間の社会やその中のいろいろな組織、たとえば学校、病院、役所、会社などもすべて複雑系である。

複雑系には**非線形性**という特徴がある。非線形性の反対語は**線形性**であり、それがわかれば、非線形性もおのずと見えてくる。たとえば、中学・高校で習った、抵抗

にかける電圧とそれに流れる電流との間には比例関係があるというオームの法則を思い出してみよう。このとき、抵抗にかける電圧を2倍にすると、それに流れる電流も2倍になり、電圧を3倍にすると電流も3倍になる。このように、その関係を比例の関係で簡単に計算できる性質を線形性という。

ある系を考え、それを構成するメンバーのバラバラな特性をすべて加え合わせただけで、系全体の特性が出てくるような場合、その系には線形性があるという。たとえば、オームの法則に従う様々な大きさの抵抗を多数集めて回路を作ると、これは一つの系である。これらの抵抗をどのように複雑につなぎ合わせたとしても、全体にかける電圧を2倍にすると、全体に流れる電流も2倍になるだけであって、この回路は線形性の系である。

複雑系の特徴

構成メンバーがごく少数であったり、多数集まっていてもすべて同じものであったり、複雑に絡んでいても線形的であるような系を**単純系**といい、複雑系の対極をなす。宝石のダイヤモンドは炭素原子が規則正しく並んで結晶になったものである。テレビやラジオなどの家電の心臓部にあるエレクトロニクス部品の材料に使われるシリコンは、ケイ素原子がダイヤモンドと同じ結晶構造をもつ。これらは構成する原子の数がどれだけ多くても、単純系といえる。

それに対して、メンバーの特性の総和をとっても、系全体の特性が出てこない場合には**非線形性**があるという。この非線形性が複雑系の特徴である。テレビやパソコンなど、日常生活で欠かせないあらゆる電気・電子器具には必ずといっていいほど集積回路が組み込まれており、それは多数の微小な抵抗やダイオード、トランジスターなどから構成されている。それが抵抗のような単純な素子だけでできていれば、この集積回路は線形系とみなされるが、回路にとってはるかに重要なダイオードやトランジスターに対する電流と電圧の関係にはオームの法則がまったく成り立たず、非線形の素子である。すなわち、集積回路は典型的な非線形系である。そうだからこそ入力信号を0か1に変換したり、ごちゃごちゃのデータを適当に並べ替えたりする、多様な機能が生み出されるのである。

人間同士の関係も、たった3人寄っても文殊の知恵というほどであるから、多くのメンバーからなる複雑系では非線形性が当たり前で、線形性はありえない。ところが、線形性は数学的にすっかりわかっているのであるが、非線形性はあまりにも多様多彩で、そのごくごく一部のことしかわかっていないというのが実情である。

このように、複雑系ではそれを構成するメンバー（要素）間の複雑な相互作用とその非線形性のために、局所的な相互作用の形あるいは構成要素の個性からはとても予測できない多様な特性が系自身の中で醸し出される

（これを自己組織的発現、あるいは創発という）ことがあるし、系内のごく些細な出来事が系全体にわたるほどの大変動に発展する可能性もある。

創発というのは、たとえば比較的単純な神経細胞が多数集まってつながりあうことで、信じられないほどの働きをもつ脳が出来上がるような現象のことである。突然アインシュタインのような天才が現れるのも、科学界での創発ということができる。また、雪の斜面でのほんのちょっとしたきっかけで巨大な雪崩が生じたり、たった一つの企業の倒産がきっかけでリーマンショックのような株の大暴落が起こることを**大変動**という。

線形的な単純系に対して非線形的な複雑系がこの世の中では当たり前で、かつ多様多彩である。それでも単に複雑なことばかりではなくて、上述のように単純系では決して現れない創発とか大変動などの際だった現象が見られるのが複雑系の特徴であり、興味深いところでもある。

物理学は物の性質や構造をどこまでも詳しく調べ、化学は新しい分子を探求する傾向があるという意味で、単純系の科学である。端的にいって、従来の物理学や化学が取り扱ってこなかった系はすべて複雑系ということができよう。したがって、それ以外の生物学や地球科学、すべての社会科学は複雑系を研究対象としてきたということができる。

まれな現象とべき乗分布

 本章のはじめにあげたべき乗分布の例はどれも複雑系で見られるものである。すると、複雑系に普通に見られる統計分布はべき乗分布ではなかろうかと思いたくなる。さらに、地震の例だけでなく、一般的に複雑系の統計を調べると、分布の右裾の部分では非常に多くの例でべき乗が現れることが観察される。分布の裾の部分とは統計的にはまれな場合に相当し、特に右裾の部分は右肩下がりである。したがって、複雑系では少なくともまれな現象はべき乗的であることが示唆される。

 しかし、実際にはべき乗的ではない例が多く見られるし、たとえ右裾だけがべき乗的であっても、分布の本体が大きくべき乗から外れる例も多い。そんなわけで、べき乗分布が複雑系の標準の統計分布とは言い切れない。しかも、上述のように、モノゴトが多彩に過ぎて、なぜべき乗分布でなければならないのかという理由が必ずしもはっきりしない。そこで、べき乗分布が現実の世界で標準の分布といえるのかどうかを、さらに詳しく調べてみよう。

GDPのランキングプロット

 与えられた統計量に対する順位表については、すでに前章の図2—8と図2—9に示した地震に関するグーテンベルク・リヒター則のプロットのところで述べた。同様に、ここでは世界各国のGDP（国内総生産）がどのよ

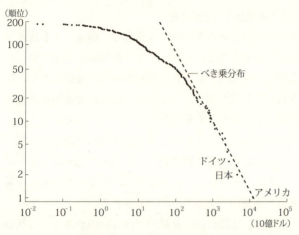

図3−1　世界各国の名目GDP（2005年）のランキングプロット（IMF, World Economic Outlook Database, April 2019）

うな分布を示すかを調べるために、その順位表を作り、それをグラフにしてみよう。GDPとは1年間に国内で新たに生産された財やサービスの価値の総和であり、国の経済活動の実力を表す指標と考えられる。世界はいろいろな歴史、社会、地勢をもつ様々な国々からなる典型的な複雑系であり、GDPは世界各国の経済を反映した典型的な統計量だという意味で、それがどのような分布を示すか、十分興味がある。

まず、2005年における世界各国のGDPを大きい順に番号付け（ランキング）して順位表（1位：アメリカ、13.0兆ドル。2位：日本、4.76兆ドル。3位：ドイツ、2.87兆ドル、など）を作る。つぎに、ちょうど図2—9の地震

の場合と同じように、両対数グラフの縦軸に順位を、横軸に GDP の値をとる。このグラフを、GDP を順位付け（ランキング）してグラフにプロットしたという意味で**ランキングプロット**、あるいは GDP の大きい順から累積的に数え上げてプロットしたという意味で**累積個数分布**という。

このようにして得られた、2005 年における世界各国の GDP のランキングプロットが、図 3—1 に示してある。縦軸は順位を対数目盛でとってあり、横軸も 10 億ドルを単位にした GDP の額を対数目盛でとった、両対数グラフ表示である。2005 年当時の GDP の世界トップはもちろんアメリカで、右裾の一番下の点である。当時は日本が 2 位で右下から 2 番目の点、3 位はドイツで 3 番目の点である。この図の破線で示されているように、確かにトップから 30 位くらいまでは直線上に乗っており、右裾の部分だけを見ると、多少のデコボコはあるにしても、べき乗分布を示しているということができる。すなわち、世界にまれな経済大国だけを見ると、その GDP はべき乗分布を示す。

それでは、少数派である右裾の部分以外の、多数派の統計的分布はどうなっていて、どのように説明できるのであろうか。上の図 3—1 についていえば、べき乗から外れる大多数の国々の GDP の統計はどのように説明できるのかという疑問である。

そのことを調べ、その結果を考察するのは次章以降で

行うことにしよう。ここではその準備として、ランキングプロットのことをもう少し詳しく説明する。

ランキングプロットと個数分布

統計データの値を x とし、x の大きさに順位（ランク）N をつけて、x を横軸に、N を縦軸にしてデータをプロットしたのが、ランキングプロットである。データの値 x に対して順位 N が決まっているという意味で、この関係を $N(x)$ と記すことにしよう。図2—8と図2—9が地震の規模に対するランキングプロットであることは明らかであろう。

あるデータの順位が N であるということは、それ以上の値をもつデータの数が、そのデータも含めて N 個あるということである。したがって、N は最も大きい値をもつデータ（順位1）からそのデータまで、データの数を合計（累積）した個数でもある。そのためにランキングプロットして得られた分布 $N(x)$ を**累積個数分布**ともいう。

それに対して、データの値 x を小さな刻み幅 Δx で区分けしたとき、幅 Δx の区間 $x \sim x+\Delta x$ に入るデータの数が ΔN 個だけあるとしよう。図3—2に灰色の長方形で示してあるように、このデータ数 ΔN を幅 Δx、高さ n の細い棒の面積で表すことにすると、$\Delta N = n\Delta x$ が成り立つ。$n = \Delta N / \Delta x$ とも表されるので、棒の高さ n はデータの値 x の単位幅当たりにあるデータの数、すなわちデ

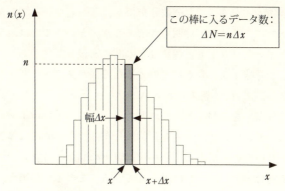

図3−2　個数分布 $n(x)$

ータ数の密度という意味をもつ。また、図からわかるように、この n はデータの値 x をどこにとるかによるので x の関数であり、$n(x)$ と記すことにする。この $n(x)$ を**個数分布**という。図3−2に示したように、統計データが与えられると、個数分布 $n(x)$ は適当な幅をもつ棒グラフで示すことができる。

また、棒グラフの一つの棒の面積であるデータの個数 $\Delta N = n\Delta x$ をデータの総数 N_T で割った量 $n\Delta x/N_T$ は、データが区間 $x \sim x+\Delta x$ に入る頻度である。したがって、個数分布 $n(x)$ をデータの総数で割ると、**頻度分布** $f(x) = n(x)/N_T$ が得られる。図1−2は高校3年男子生徒の身長の頻度分布を示したものである。

以上の説明から、身長なり体重なり、一組のデータのセットが与えられたとき、それをランキングプロット

（累積個数分布）でも個数分布でも、どちらを使ってもグラフにできることは明らかであろう。ということは、ランキングプロットと個数分布の間に密接な関係があることを意味する。両者にどのような関係があるかに興味のある読者は、「巻末コラムA：ランキングプロットと個数分布」を参照されたい。ともかく、ここでのポイントは、ランキングプロットと個数分布は、数学的には等価だということである。しかし、現実の問題を統計分析する場合、データの数は限られている。このような場合には両者の優劣がはっきりするので、次にそのことを考えてみよう。

ランキングプロットはすぐれもの

第1章で紹介した正規分布や第2章のべき乗分布は、いずれもデータ数が無限にあるような場合の分布関数である。しかし、身長や体重など現実の問題で統計分析する場合には、必ずデータ数に限りがある。このような現実のデータの統計分析では、ある値 x をもつデータ数についての個数分布 $n(x)$ より、それ以上の値をもつデータの数がいくつあるかを示すランキングプロット（累積個数分布）$N(x)$ のほうがはるかに便利である。その理由を以下に示そう。

ある値 x 以上の値をもつデータの個数は、そのデータの大きさの順位（ランク）そのものである。自分の身長の順位がクラスで10位なら、自分以上に大きい人が自

分も含めて10人（累積個数）いることは明らかであろう。このように、累積個数分布はデータの最高値から順番に並べてプロットするランキングプロットと同じことなのである。

図2―8、図2―9や図3―1に示したようなランキングプロットの有用性がその簡単さにあることは、強調しても、し足りない。第一に、何しろ注目するデータの順位表を作って、そのデータの値をグラフの横軸に、順位を縦軸にして、グラフにプロットするだけなのである。図3―2からわかるように、個数分布の場合にはデータの値を区分けしてその区間にデータの数がいくつあるかを数えてプロットしなければならない。この操作は一般に、ランキングプロットに比べてはるかに煩雑である。

実はランキングプロットには、決して無視できない第二の有利な点がある。ランキングプロット（累積個数分布）では、縦軸の値はデータの個数が次々に加算されているので、データのばらつきがならされ、プロットした結果が滑らかになるのである。

一般にデータ数が少ないと、データの個数分布を棒グラフで見ただけでは、このデータがどのような統計分布をとるのかよくわからない。このことは、サイコロ投げの場合の図1―4(a)を見れば明らかで、この場合にはデータの総数が100しかなく、一緒に曲線で示されている正規分布に合うとはとても主張できない。この棒グラフの一つの棒の高さは、この棒の中に入るデータの数に

比例し、データの総数が少ないとこの高さがまちまちになってしまうからである。データの総数が 10000 にも達する図 1―4(c) でようやく棒グラフの高さの変化が滑らかになり、確かに正規分布であることが納得でき、主張できるようになる。

すなわち、与えられた統計データの個数分布を調べることによって、そのデータが従う統計分布を推定するためには、一般に非常に多くのデータが必要になる。図 1―2 の高校 3 年生男子の身長の分布が正規分布だと断定できたのも、全国の高校 3 年生全員の約 5％ものデータがあったおかげである。

サイコロ投げのランキングプロット

ここで再び、図 1―4(a) の場合とまったく同じように、1 回に投げるサイコロの個数を 10 として出た目の平均値を一つ求め、これを 100 回繰り返す実験を行い、得られた 100 個のデータによって個数分布を作ってみよう。その結果が図 3―3(a) である。棒グラフの高さのばらつき具合など、細かいことは別にして全体の様子は図 1―4(a) と似ている。

図 3―3(a) には、この場合に期待される正規分布を曲線で示してあるが、棒グラフの高さのばらつきがはなはだしくて、得られた個数分布からこの正規分布を予想することは不可能である。これは明らかにデータ数が少ないためである。図 1―4 からわかるように、個数分布か

第3章 複雑系とランキングプロットの効用

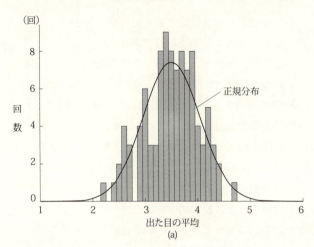

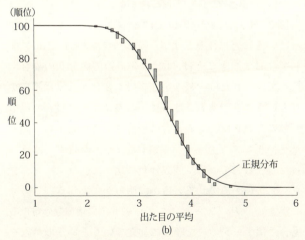

図3-3 サイコロ投げによる100個のデータの個数分布(a)とランキングプロット(b)

ら正しい統計分布を推定するためには、ともかくできるだけ多数のデータが必要なのである。

ところで、ランキングプロットするというのは、図3—3(a)の個数分布を作ったのと同じデータを、出た目の平均値の一番大きい、順位1位のデータの値4.7（データ数1）、順位2、3位のデータの値4.4（データ数2）、順位4〜6位のデータの値4.3（データ数3）、順位7〜11位のデータの値4.2（データ数5）、……というふうに、データの値の順位表を作り、横軸に個数分布と同じくデータの値をとり、縦軸には順位をとってプロットすることである。このサイコロ投げの場合のランキングプロットが図3—3(b)に示してある。

図3—3(a)と図3—3(b)ではまったく同じデータを使っていることに注意しよう。そのうえで図3—3(b)に関して注目すべきことは、図3—3(a)の個数分布の場合に比べて、これだけ少数のデータでも変化が非常に滑らかだということである。さらに、このサイコロ投げの累積個数のデータは、この場合に期待される正規分布を使ったランキングプロット（累積個数分布）の曲線とほぼぴったり一致している。個数分布に比べて、ランキングプロットがいかに優れているかは明らかであろう。

実をいうと、ランキングプロット（累積個数分布）の場合にはデータの数を順々に加えていくというのがみそなのである。個数分布そのものはデータ数が少ないと、図3—3(a)のように、棒の高さがデコボコになってしま

うが、ランキングプロットではそれを順々に加えていくので、途中のデコとボコがお互いに相殺して滑らかになるのである。

図3—1に示した世界のGDPもデータ数は世界の国の数の200程度であるが、それをランキングプロットしたので、このように滑らかになったのである。もし図3—3(a)と同じように個数分布を見ていたら、どのような分布になるかはそう簡単にわからなかったはずである。

世界各国のGDPは対数正規分布

図3—1からわかるように、GDPの分布の大部分はべき乗分布から外れ、全体としてみるとGDPは明らかにべき乗分布には従わない。また、正規分布の裾はべき乗的ではないことがわかっているので、べき乗の裾をもつGDPの分布は正規分布でもない。

それでは、図3—1に示されたGDPはどのような分布に従うのであろうか。実はこの分布が正規分布でもべき乗分布でもなく、**対数正規分布**であるとすると、データのすべてが見事に説明できるのである。このことを示したのが図3—4であり、この図の実線は対数正規分布であると仮定してGDPのランキングプロットにフィットして得られた曲線である。実際のデータとこの曲線とは、第1位から最下位に至るまで例外なく見事に一致しており、GDPの分布は対数正規分布に従うということができる。

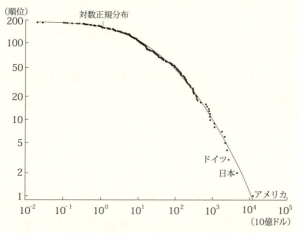

図3−4　世界各国のGDP（2005年）は対数正規分布に従う
(IMF, World Economic Outlook Database, April 2019)

　対数正規分布とは、一口でいえば対数の世界での正規分布であり、分布関数をグラフで表す場合に横軸を対数にとったときに正規分布になるような分布である。対数正規分布は次章以下に示すように、GDPに限らず、いろいろな自然現象、社会現象によく現れ、複雑系の標準的な分布ではないかと思いたくなるくらいである。

　しかし、それにしては正規分布やべき乗分布に比べて、知名度がまったく低いといわざるをえない。そこで次章では、この対数正規分布がどんなものであって、なぜいろいろなところに現れるのかについて詳しく説明しよう。

第 4 章
複雑な系の歴史性とその統計
——対数正規分布が現れる理由

私たちの身の回りを眺めてみると、自然現象であれ、社会現象であれ、通常の物理学などが話題にする単純な系の振る舞いを見ることはめったにない。目につくモノゴトのほとんどは複雑であって、常に複雑系が絡んでいるといっても過言ではない。そんな複雑怪奇、種々雑多で膨大な例のある複雑系に、何か共通する性質は考えられるのであろうか。

　本章では、複雑系に共通する特質として、系の要素が例外なくそれぞれの歴史を背負って現在の姿をとっていることに注目する。その結果として、対数正規分布が現れることを議論してみることにしよう。

まれでないモノゴトの統計

　複雑系が話題になるときは、ほとんどの場合、思ってもみなかった大変動の発生や目立った自己組織的な創発などが問題にされる。前章でも記したように、大変動や創発は複雑系固有の現象であり、その例は枚挙にいとまがない。しかし、これらはいずれにしてもまれな事象である。このようなまれな事象の統計性を調べると、その分布は、多くの場合にべき乗則に従うといわれ、事実、多くの実例が報告されていることも前に触れたとおりである。

　しかし、どんなに目立ったまれな大変動であっても、

その背景には必ずほとんど日常的に起こっている圧倒的に多くのまれでない事象(モノゴト)があることを忘れてはならない。図3—1に世界各国のGDPの例で示したように、確かに右裾の部分だけを見ればべき乗のようであるが、大部分の国々はべき乗から外れていることは明らかである。同様に、日本の個人所得の額の頻度分布を調べると、国民のごく一部である超高額所得者は分布の右裾にあってべき乗則に従うという。しかし、大多数の国民の所得額は明らかにべき乗分布から外れる。

それでは、圧倒的に数が多くて、まれでない事象のほうはどのような統計則に従うのであろうか。

歴史性という共通の性質

これまでの物理学は、多くの場合、そこにあるものの構造とその性質を調べることに主眼を置いており、歴史が絡む現象を取り上げない傾向があった。このような場合には、図1—2や図1—3のような釣鐘状の正規分布で事足りることが多い。それに対して複雑系は、どんなものでも例外なくこれまでに時間をかけて出来上がってきたものであり、これからも変化していく可能性がある。すなわち、複雑系すべてに共通する第一の特徴は、その歴史性にある。

このような視点からもう一度、上記の複雑系を構成する要素の特徴を考えてみよう。具体例として、ある都市の各家庭の経済状態を把握するために、住民の所得調査

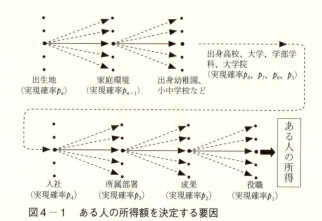

図4−1 ある人の所得額を決定する要因

をしたとしよう。ある人の所得額に着目して、どうしてそのような額になったのか（その実現確率 P）を考えてみる。これはまず、いまいる会社でどのような役職についているかが大きく影響しているであろう（実現確率 p_1）。その役職についたのには、これまで社内でどんな成果を上げたかが影響しているはずである（実現確率 p_2）。また、どんな成果を上げたかは、どんな部署に配属されることになったか（実現確率 p_3）、どの会社に入社したか（実現確率 p_4）、などによるであろう。さらにさかのぼれば、大学院を修了しているかどうか（実現確率 p_5）、どの学部学科に所属していたか（実現確率 p_6）、どこの大学に入ったか（実現確率 p_7）、どこの高校卒か（実現確率 p_8）、……などと来て、挙げ句の果てに、幼児期にどんな家庭環境にあって（実現確率 p_{n-1}）、どこで生

まれたか（実現確率 p_n）、などにもよるであろう。これは模式的には図4—1のように表される。

図4—1を見てわかるように、上に述べたどの段階を見ても、前の段階が前提となってその段階があり、それがまた次の段階に影響しているという特徴がある。すなわち、ほとんどの段階が一つ前の段階を前提にして実現するという傾向がある。このような掛け算的な過程を**乗算過程**という。結局、この人の現在の所得額の実現確率 P は、それまでに経験してきたすべての段階での実現確率の掛け算（乗算、積）$P=p_1\times p_2\times p_3\times\cdots\times p_n$ で表されることになる。この性質は、正規分布が現れるときの特徴である、いろいろな要因がそれぞれバラバラで足し算的に影響する、加算過程と大きく異なることがわかる。

モノゴトの移り変わりは乗算過程

この掛け算的であるという特徴は、自分自身の来し方を顧みると、ある程度納得できるのではないであろうか。すなわち、あのときに別の選択をしていれば、などとぼやくかどうかは別として、各個人がそれぞれの歴史を背負って現在の地歩を築いている限り、所得額に限らず、財産や所有する書籍の数なども上式に従うかもしれない。さらに考えてみると、このようなことは各個人の問題だけではないことに気がつく。大から中小に至る企業、市町村、都道府県、世界の国々など、どれをとってもそれぞれの歴史を背負っている。これこそがあらゆる複雑系

に共通した特徴のように思われる。もしそうなら、ある複雑系が示す量、たとえば世界の国々のGDPなどに対する実現確率は、上と同じように乗算過程で決まっている可能性は高いであろう。

複雑系の構成要素が歴史性をもつということは、それらが成長過程にあるということもできる。すなわち、複雑系の際立った特徴として成長性があげられる。典型的な複雑系である市町村、都道府県だけでなく、世界の国々も、私たちを含めた生物体もすべて成長（あるいは退化）する。

たとえば、ある企業のある年度 i での資産総額 X_i を考えてみよう。これはその前の年度 $i-1$ での資産総額 X_{i-1} から成長した結果に違いなく、a_{i-1} をその１年間の成長率とすれば $X_i = a_{i-1} X_{i-1}$ と表される。年度 $i-1$ での資産総額 X_{i-1} もその前の年度 $i-2$ での資産総額 X_{i-2} から成長した結果であり、その間の成長率を a_{i-2} とすると、$X_{i-1} = a_{i-2} X_{i-2}$ と表される。これを X_i の式に代入すれば、$X_i = a_{i-1} a_{i-2} X_{i-2}$ となり、ある年度の資産総額は過去の資産総額にその間の成長率を掛けた形で表される。結局、初期資産を X_0 とおくと、現時点の資産 X_n はそれまでの成長率の掛け算（積）$X_n = a_{n-1} a_{n-2} \cdots a_2 a_1 a_0 X_0$ で与えられる。これも乗算過程とみなされることは明らかであろう。

第4章 複雑な系の歴史性とその統計

複雑な系の単純な統計——対数正規分布

ばらつきの原因が足し算的な加算過程の場合、その統計は釣鐘状の正規分布で特徴づけられることは、すでに第1章で説明した。それに対して、上述のような乗算過程の場合、**対数正規分布**に従うということがわかっている。このことを次に説明してみよう。

対数については、$1=10^0$、$10=10^1$、$100=10^2$、$1000=10^3$、$10000=10^4$、……のような数字を、そのべき指数 0、1、2、3、4、……で代用する数であることはすでに述べた。このとき、たとえば 100 と 1000 の積を作ると、$100\times1000=10^2\times10^3=10^{2+3}=10^5=100000$ となるので、この積の対数は5である。ところが、これは 2+3 に等しく、掛けた数それぞれの対数の和であることがわかる。すなわち、対数の際立った特性の一つに、もとの数の掛け算の対数はそれぞれの数の対数の足し算になるという性質がある。詳しいことに興味のある読者は、「巻末コラム B：指数関数と対数関数」を参照されたい。

もし統計性を生み出す原因が乗算過程であれば、生じる結果はいろいろな要因の掛け算で表されるが、対数をとった後で見ると統計性を生み出すばらつきの原因は足し算となり、加算過程とみなされる。したがって、対数をとった後に正規分布が得られることになり、対数正規分布になるというわけである。

こうして、複雑系の共通した特徴が歴史性にあり、歴史性が乗算過程的であるとすれば、複雑系ではその統計

性を特徴づける最も自然な分布関数は対数正規分布だということができよう。このようなわけで、対数正規分布こそが複雑な系全体の統計性を見わたす際の基準としてふさわしいと考えられる。すなわち、複雑系の自然な分布は対数正規分布だということができる。

対数正規分布の特徴

図1—2や図1—3に示された釣鐘状の正規分布と同様に、対数正規分布にも平均値と分布の幅を与える標準偏差に相当する二つのパラメータが含まれる。図4—2に、正規分布の平均値に相当する$\overline{X}$を1.0に固定して、標準偏差に相当するσを変えたときの対数正規分布$f(x)$の様子が図示してある（4種の実線）。この図では、図1—2や図1—3の場合と同様に、両軸とも普通の目盛であって、これまでの多くの図のような対数目盛ではないことを注意しておく。

図4—2を見てわかるように、対数正規分布の分布形は、図1—2や図1—3に示した正規分布のような左右対称の釣鐘型とは違い、分布の右裾が長くて左右非対称なのが特徴である。実は前にも述べたように、対数正規分布は対数の世界での正規分布なので、横軸だけを対数目盛にすると左右対称な釣鐘型になるのである。

この対数正規分布と正規分布との比較のために、図には平均値$\overline{X}=1.0$、標準偏差$\sigma=0.1$の正規分布も描いてある（太いグレー線）。ここで注目すべき点は、$\overline{X}=1.0$、

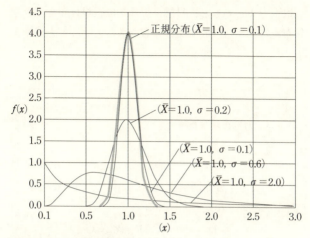

図4-2　対数正規分布

$\sigma=0.1$ の対数正規分布の形は、同じ平均値と標準偏差をもつ正規分布とは左右の裾の部分を除いてほとんど見分けがつかないということである。このように対数正規分布は、標準偏差が平均値と比べてずっと小さくなると正規分布に近付くため、データによっては対数正規分布と正規分布のどちらでも近似できる場合がある。

逆に、標準偏差が大きい極限では対数正規分布はべき乗分布に近付く。このため、分布の右裾の部分で対数正規分布ともべき乗分布とも見分けがつかないことがあるので、注意が必要である。これは、図4—2の $\overline{X}=1.0$、$\sigma=2.0$ の曲線が図2—1の曲線と似ていることからも納得できるであろう。

以上をまとめると、対数正規分布は正規分布とべき乗分布を補間する、興味深い分布であるということができる。

コラム：対数正規分布

　測定データの値を x で表し、x がどのように分布するかを示す分布関数を $f(x)$ で表すと、対数正規分布は次のような式で表される：

$$f(x) = \frac{1}{\sqrt{2\pi\sigma^2}x} \exp\left\{-\frac{[\log(x/\overline{X})]^2}{2\sigma^2}\right\} \quad (4.1)$$

正規分布の場合の（1.1）と比べてみると、よく似ている部分と違う部分があることがわかるであろう。対数正規分布にも、正規分布の場合の平均値 μ と、分布の幅を与える標準偏差 σ に相当する二つのパラメータ $\overline{X}$ と σ が含まれている。図4—2には、(4.1) で $\overline{X} = 1.0$ と固定して σ の値をいくつか変えたときの対数正規分布の様子を示した。

　実際にデータ解析する場合にはデータ数は有限なので、上の分布関数そのものより、データのある値 x 以上の値をもつデータ数がいくつあるかを示す累積個数分布（ランキングプロット）が便利である。対数正規分布の場合の累積個数分布 $N(x)$ は、

$$N(x) = N_\mathrm{T} \int_x^\infty f(x')\,dx'$$
$$= \frac{N_\mathrm{T}}{2}\left\{1 - \mathrm{erf}\left[\frac{\log(x/\overline{X})}{\sqrt{2}\,\sigma}\right]\right\} \quad (4.2)$$

と表される。ここでN_Tはデータの総数であり、$\mathrm{erf}(x)$は、

$$\mathrm{erf}(x) = \frac{2}{\sqrt{\pi}} \int_0^x \exp(-y^2)\,dy \quad (4.3)$$

と定義される誤差関数である。

　前章でも強調したように、有限個数のデータがあるとき、累積個数分布あるいはランキングプロットを作るのは非常に簡単であるとともに有用でもある。それが対数正規分布であるかどうかを確かめるには、(4.2)で表される曲線がランキングプロットしたデータにちょうど合うように、(4.2)に含まれる二つのパラメータ$\overline{X}$とσの値を調節する。これをデータフィッティングといい、試みた中で最良のものをベストフィットという。実際に世界のGDPのランキングプロットに対して対数正規分布でベストフィットを求めたのが、図3―4に示した曲線だったのである。

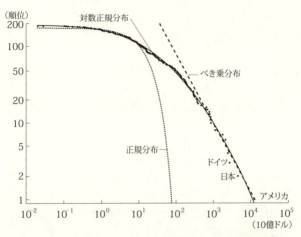

図4−3　世界各国のGDP（2005年）のランクを各種の分布関数でフィット（IMF World Economic Outlook Database, April 2019）

対数正規分布と正規分布、べき乗分布との比較

　ここで再び例として、図3―1に示した世界各国のGDPのランキングプロットを取り上げ、いろいろな統計分布を当てはめてみよう。このデータに対数正規分布を当てはめてデータとの一致を調べてみると、図4―3の実線のようになる。この曲線は、実はすでに図3―4に示した曲線と同一である。またこの図では、図3―1や図3―4と同様に両軸は対数目盛になっている。この図を見て明らかなように、対数正規分布は裾の部分だけでなく全体にわたってデータに非常によく合っている。

　統計の世界で最も普通に使われる釣鐘状の正規分布は、

点線で示されているように、右裾の順位の上位部分で曲線が鋭く落ち込み、データにまったくフィットできない。これは、対数正規分布では右裾が尾を引くのが特徴であるのに対して、正規分布ではそのようなことがないからである。

また、複雑系でよく使われるべき乗分布（破線）は両対数グラフ上で直線になるので、べき乗分布もこの場合には右裾のごく一部を除いてまったく不適格である。この図を見て明らかなように、正規分布やべき乗分布に比べて、対数正規分布は裾の部分だけでなく全体にわたって見事にフィットしている。

対数正規分布の具体例

正規分布ほどではないにしても、対数正規分布の歴史は古く、19世紀末にはすでに知られていたこともあって、多くの適用例が報告されている。その中でもかなりよく知られた例が、破砕された岩石や鉱石の例である。砕石場で大きな岩石が何度も砕かれて砂利のような石ころになる場合を想像してみよう。その中の小石1個を取り上げると、それはちょっと前まで少し大きな石だった。その石もさらに前まではより大きな石だった。このように、砕石された砂利の中の小石たちは、それぞれの歴史を背負っており、小石たちのサイズの分布を調べると、対数正規分布を示すのである。

水平に持った長いガラス棒を床の上に落として割れた

ときにガラスの破片が対数正規分布を示すのは、破砕された岩石の場合と同じような理由のためであろう。また、面白い例では、咀嚼による食べ物の断片が対数正規分布を示すことが最近調べられた。たとえば、スライスした生のにんじんを口の中で10回とか20回とか、決められた回数だけ噛んで吐き出し、その破片のサイズ分布を調べると、対数正規分布を示すというのである。これも岩石の破砕と同じように考えられよう。

さらに視野を広げると、宇宙の密度の揺らぎ、ブラックホールからのX線の流れの揺らぎ、太陽黒点の面積分布、無脊椎動物や軟体動物などに属するいろいろな種の平均寿命の分布など、枚挙にいとまがない。たとえば、軟体動物という生物分類の門に属するいろいろな種（アサリやハマグリなどの貝類、カタツムリ、ナメクジ、イカ、タコなど）のそれぞれの平均寿命を、ちょうど図3—4のGDPのようにプロットすると、対数正規分布を示すというわけである。

宇宙はビッグバン以来の進化の歴史をもち、生物は生命発生以来の進化の歴史をもつことを考えれば、宇宙・天文や生物の世界に対数正規分布が見出されることは不思議でないのかもしれない。

対数正規分布とべき乗分布の関係

破砕された岩石が対数正規分布になるのなら、なぜ河原の石ころがべき乗分布を示すのであろうか。砕石場の

石はほぼ同じような大きさで同質の岩石が破砕機によってほぼ決まった仕方で破砕される。それに対して、河原のある場所での石ころや砂は、材質が様々で大きさもまちまちな岩石が上流から流され、途中でいろいろな仕方で破砕されてきた結果としてそこにある。それぞれの歴史を背負ってきた複雑系がさらに幾重にも折り重なってはるかに複雑な複雑系が出来上がるという、複雑極まりないからくりがべき乗分布の生じる背後にあるのではないかと思われる。

このように考えると、地震の場合も、地殻の材質や構造、動きが極端に複雑であるために、べき乗則であるグーテンベルク・リヒター則が現れているのかもしれない。月が生まれてからこのかた、その表面に降り注いだ隕石は、その起源といい、材質といい、構造といい、様々だったであろう。この原因の複雑さが、月のクレーターのサイズ分布が対数正規分布ではなく、べき乗分布になる理由ではなかろうか。

本章のコラムで記した対数正規分布の表式 (4.1) と比べると、35 ページのべき乗分布の表式 (2.1) は非常に単純である。ところが、その表式の単純さとは裏腹に、対数正規分布の場合の発生機構が手を替え品を替えていくつも現れ、幾重にも折り重なった結果として、べき乗分布が生じるのかもしれない。前章で述べた、まれな事象に対して右裾にちょこっと現れるべき乗分布とは違って、地震などに見られる非常に広い範囲にわたってのべ

き乗分布は、このような事情で現れるものと思われる。

　対数正規分布に関しては、ほかにも最近わかってきた興味深い例がいくつもある。それらは、統計の目を通して社会現象を見るとどのように見え、どう考えればよいかの例として、次章以下で詳しく紹介することにしよう。

第 5 章
現代社会に見られる対数正規分布の例

これまでに見てきたように、時間の経過につれて成長したり、場合によっては退化したりするような現象に関係する統計には、基本的に対数正規分布が顔を出すようである。しかも世の中のほとんどすべての現象が間違いなく時間的に発展したり衰退したりしていることを考えると、対数正規分布は世の中の主要な統計分布である可能性が高い。そこで本章では対数正規分布という目を通して世の中を見るとどんなふうに見えるか、社会の中の具体的な例で見てみよう。

高齢者の死亡年齢の分布

私たち日本人は寿命のことを問題にするとき、当然のことながら世界一長寿であることに幸せと誇りをもつ傾向がある。しかし、私たち人間の寿命には厳然たる事実として、健康な期間（健康寿命）とその後に続く**介護期間**があることを忘れてはならない。実際、厚生労働省発表の 2016 年の健康寿命の推計値は、男性 72.14 歳、女性は 74.79 歳であり、同じ年の平均寿命である男性 80.98 歳、女性 87.14 歳との間には、男性で約 9 年、女性で約 12 年もの差がある。この間は入院などによる医療や、自宅、老人ホームの違いはさておき介護の世話になるわけで、高齢による**老人病**は誰も避けて通ることができない普遍的な病なのである。

第5章 現代社会に見られる対数正規分布の例

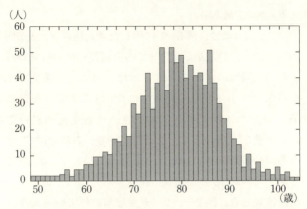

図5−1 死亡年齢の個数分布（松下哲〔東京都老人医療センター［現東京都健康長寿医療センター］〕による）

　高齢者の死亡年齢の統計分布は釣鐘状の正規分布に近い。図5−1に1987年から1989年の間に東京都老人医療センター（現東京都健康長寿医療センター）に入院していた老人病患者（患者数1017人）の死亡年齢の個数分布を示す。この図からわかるように、おおむね正規分布を示すが、実際にはゴンペルツ則と呼ばれる、高齢化による死亡率の急激な上昇のために分布のピークが少し高齢側に偏り、高齢側で分布がより鋭く減少する傾向がある。しかし、これが正規分布からそれほど大きく外れるわけではないことも明らかである。それでは、老人病による介護期間の分布はどうであろうか。

95

老人病の介護期間

図5—2(a)には、図5—1に示した老人病患者(患者数1017人)の、発病から死亡までの介護期間の個数分布が1週間間隔で示されている。この図によると、発病してから2、3ヶ月も経たないうちに死亡する人が圧倒的に多い一方で、20年近く(1000週)も介護を受け続ける人も少数ながらいることを示している。これは図5—1の寿命の個数分布とはおよそ似ても似つかず、図1—2や図1—3のような釣鐘状の正規分布とはほど遠い。これだけ見ると、図2—1のべき乗分布に似ているようにも見える。介護期間が10年を超えるような、右裾が非常に長い分布は、老人病患者である被介護者のみならず、介護をしなければならない立場の人たちの深刻な問題を表していると見るべきである。

同じデータをランキングプロットで示したのが図5—2(b)で、両対数グラフで表示されている。実線はこの場合の統計分布が対数正規分布だとしてデータと最もよく合うもの(ベストフィット)を求めた結果であり、全データの85％近くがよくフィットしている。実際には、介護期間が約1800日、すなわち5年ぐらい経ったころに実線から大きく外れ、急激に減少(カットオフ)する。この外れは、高齢になると死亡率が急激に上昇するゴンペルツ則のためである。介護期間が5年や10年にも及ぶということは、被介護者がかなりの高齢になるのは明らかであろう。

第5章　現代社会に見られる対数正規分布の例

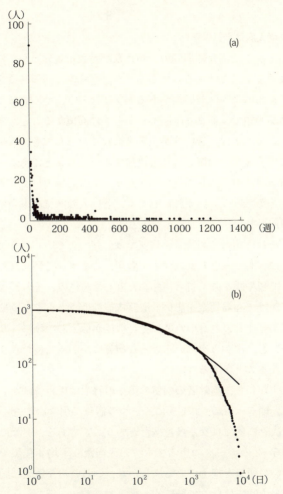

図5-2　高齢者の介護期間の個数分布(a)とランキングプロット(b)(松下哲による)

老人病は乗算過程

それでは、介護期間の分布になぜ対数正規分布がこんなによく当てはまるのであろうか。まず老人病の特徴を考えてみよう。若い人がある病気になると、その病気だけが問題で、あまり時間もかからずに回復することが多い。たとえば、若い人が虫垂炎になったとしても、入院して手術し、回復して社会復帰するだけのことである。あるいは不幸にして重病にかかり、その病気で亡くなることもあろう。いずれにしても、若い人の病気は単発の傾向が強い。

それに比べて高齢者の病気では、巷でよくいわれるように、ちょっとしたはずみで敷居につまずいて倒れただけで膝や腰を強く打って痛めたりして寝込み、それがきっかけで心筋梗塞を患い、心臓機能の低下とともに脳梗塞が発症し、老身のために免疫機能が低下して癌になり、……と、次から次にいろいろな病気にかかって寝たきりになることがある。

すなわち、高齢者の病気の第一の特徴は単発ではなくて、図5—3に示すように、一つの病気が引き金になって次々に病気になる多重病だということである。実際に図5—2のデータの患者でも、一人当たり平均4種類ぐらいの病気を抱えている。しかも、いろいろな病気は同時発生的ではなくて継続的・乗算的であり、そのうえにそれぞれの病気の進行段階まで考慮すると、乗算過程の

第5章 現代社会に見られる対数正規分布の例

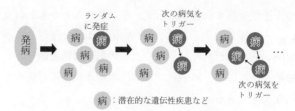

図5-3 高齢者の乗算過程的な疾病発症過程

数が思ったより多いと考えられる。

老人病はなぜ乗算過程か

若者の単発的な罹病(りびょう)と違って、高齢者ではなぜこのような乗算過程的な多重の罹病が起こるのであろうか。高齢による免疫機能の弱体化がまず考えられる。そのために高齢者では潜んでいる病気がいつでも顔を出すようになっているであろう。また、他の動物と違って、子孫を作った後も延々と生き続けることはヒトの特徴の一つである。この点は、野生の動物と違って、ずっと過保護に育てられる動物園の動物たちの特徴でもある。

生き物は子供を残す前にたまたま遺伝子が絡む重大な病気になると、生き残ることができない。そのために、その遺伝子を子孫に伝え残すこともない。結果として、次世代以降にはその悪性の病気が現れずに済むことになる。すなわち、生き物は最悪のものを1世代かけて排除するという、ある意味で消極的な仕方によって進化する。

しかし、遺伝子が発現して病気になるといっても、い

つも子供を残す前とは限らず、その後になるかもしれない。その極端な例として、平均40歳ほどで発病するハンチントン病があげられる。この病気は舞踏運動を示し、知能・性格障害、パーキンソン症状をきたす進行性の深刻な疾患である。

　ともかく、このように中年以降に発症するような病気の遺伝子をもつ親は、その病気の発症以前にすでに子供を作っていて、その遺伝子を子供にバトンタッチすることになり、ずっと子孫に受け継がれていく可能性がある。そういうわけで、人類500万年の進化の過程で、生殖期以後に発現する不利な遺伝子が延々と蓄積されてきているということができる。してみると老人というのは、子孫を残した後に発現する可能性のある遺伝子病の要因を抱え込んで生きているといえるのかもしれない。

　脳、心臓の病気や体内各部の癌などでは遺伝子が完全に100％絡んでいるとはいえないけれども、だからといって0％でもない。このことを考えると、これらの病気が老人に多いわけが理解できるであろう。これまでそれがあまり問題にならなかったのは、私たちの寿命が短かったからにすぎない。現在のように寿命が長くなると、免疫機能も加齢とともに弱くなって潜在的な病因が次々に顔を出すので、複合的・逐次的な老人病の特徴が現れるのであろう。

第5章 現代社会に見られる対数正規分布の例

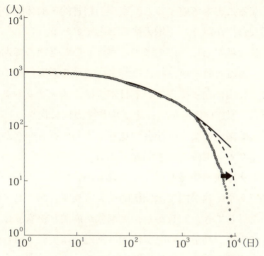

図5-4 介護期間分布の予想される今後の推移

介護期間の今後

私たちが終末を避けられないのと同じ意味で、老人病も避けられない。それではこの老人病問題はこれからどのように推移するであろうか。

医学と医療技術が今後さらに進歩することを考えると、当面予想できることは、私たちの寿命はさらに延びるが健康寿命はそれほど延びないために、図5—2(b)の長期の介護期間のところで見られるゴンペルツ則による急激な減少(カットオフ)が、図5—4に示したように、右方向に移動することである。これは明らかに介護期間のいっそうの長期化を意味し、そのために認知症の可能性が

高くなることも考慮すると、家族の精神的・肉体的・経済的な負担が限りなく増大することであろう。

これは私たちにとって本当に喜ばしいことなのであろうか。医療行政一般、特に高齢者に対する医療行政がますます貧困になってきている日本では、アメリカのように個人（家族）負担をいっそう増やす方向に向かうべきか、北欧諸国のように社会で見守る方向に行くべきか、じっくり考えてみるべき問題である。

老人病は他の病気と違って、誰もがいずれ必ずかかる病気であり、我が国では伝統的に大家族制度がそれに何とか対処してきた。しかし、大家族が崩壊し核家族化した現在では、高齢者の医療体制は国民全体で取り組むべき社会問題であり、政治の問題である。また、老人病は多重病なので、老人病医療施設はどんな病気にも対応できる総合的な病院であるか、少なくともそれと強く結びついていなければならない。社会福祉政策が貧困を極める日本にいる私たち個人としては、加齢による見かけの変化を気にするよりなにより、転ばぬ先の杖の教訓を踏まえ、第一に病気にならないよう注意することが、当面の努めであろう。

児童生徒の身長分布

第3章で複雑系に触れたが、私たちの身体そのものが最も身近で典型的な複雑系だということになるであろう。しかも、身長や体重は、少なくとも青年期に至るまで確

第5章 現代社会に見られる対数正規分布の例

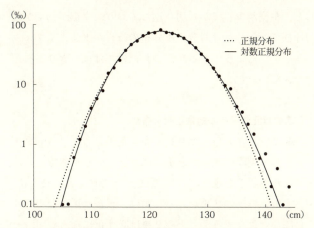

図5-5 2006年における6歳男児の身長分布 (平成18年度学校保健統計調査)

実に成長する。だとすれば、身長と体重には個々人の誕生から青年期に至るまでの歴史性が深くかかわってくるので、これらは本章の格好の例になるはずである。全国の小・中・高校生の身長・体重のデータが文部科学省から毎年発表されているので、まずそのデータを分析してみることにしよう。

図5-5に2006年における6歳男児の身長分布を示す。この図では、横軸は身長であって普通の目盛であるが、縦軸は対数目盛であることに注意しておく。ここでは正規分布（点線）と対数正規分布（実線）を別々に使い、それぞれが実際のデータに最もよく合うようにしたベストフィットの結果を示してある。この図をよくよく見る

と、左裾が少しばかり切り立っており、右裾がわずかに伸びている分だけ対数正規分布のほうが少しよくフィットしているようであるが、これだけでははっきりと断定できない。

身長は正規分布か対数正規分布か

そこで、与えられた身長分布を正規分布でベストフィットし、実際のデータとそれにフィットした曲線との差、すなわち誤差を求め、その2乗をすべて加え合わせてδ_G^2とする。誤差の2乗をとる理由は、誤差は正になったり負になったりするが、その2乗は必ず正になるので、それを全部加え合わせると誤差の大きさの目安になるからである。また、このδ_G^2が小さいほど曲線がデータによく合うことになるので、これはデータのフィッティングがどれだけ良好かを示す量ということになる。同様に、同じデータに対して対数正規分布でベストフィットし、誤差の総和δ_{LN}^2を計算して、両者の比 $\varepsilon = \delta_{LN}^2 / \delta_G^2$ を求める。

この比εが1より大きいと正規分布のフィッティングのほうが誤差が小さく、正規分布のほうが対数正規分布よりデータによくフィットすることを意味する。逆に比εが1より小さいと、対数正規分布のほうがデータによりよくフィットするということになる。

図5—6には2006年における全国の児童生徒の身長分布のデータを、上述の方法で解析した結果をプロット

第5章　現代社会に見られる対数正規分布の例

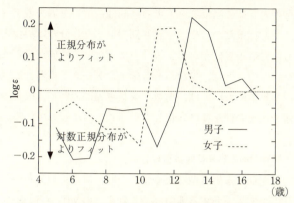

図5－6　2006年における全国の児童生徒の身長分布データについての比 $\varepsilon = \delta_{LN}^2 / \delta_G^2$ の対数の年齢変化

してある。横軸は児童生徒の年齢であり、縦軸は比 ε の常用対数（底の値を 10 とした対数）を表している。ε が 1 より大きいか小さいかでその対数は正または負になるため、プロットした点が正なら正規分布が、負なら対数正規分布がよりフィッティングがよいということになる。また、図の実線は男子、破線は女子の結果である。

この結果からすぐに読み取れることは、男子の場合 12 歳あたりまで、女子では 10 歳あたりまで対数正規分布のほうが正規分布よりフィッティングがよく、その後突然男子で 13—14 歳、女子で 11—12 歳あたりで正規分布のほうがよくフィットするようになり、それが過ぎると、どちらともいえなくなるということである。男子の 13—14 歳、女子の 11—12 歳というのはちょうど彼

らの思春期に当たる。筆者らは同様の解析を過去のデータでも行ったが、やはり思春期を境に身長分布は男女ともに対数正規分布から正規分布に変化する傾向が見られた。このことは、少なくとも確実なデータが得られる戦後の日本においては、児童の成長過程において、成長の様子が思春期を境に変化していることを示唆している。

思春期前の身長は対数正規分布

　幼児期から思春期に至るまでの間、対数正規分布がよりよくフィットする理由は、これまでの文脈からいって、この間に児童が確実に成長するためであることが推測できる。では、まだ成長が続くはずの思春期のころになぜ突然正規分布がよくフィットするようになるのであろうか。経験的には、ちょうど思春期のころ、それまでクラスで小さいほうのグループに属していた児童が、突然身長が伸びだして普通グループの仲間入りを果たすというのはよくある話である。

　私たちは乳児のころはほとんど遺伝的に決められたコースを歩んで成長するが、その後は家庭環境などに影響されながらもかなり自由に成長する。そして、思春期を経て大人の仲間入りをしていくわけであるが、その際、子孫を残すという生物の種としての重大な過程を控えて、その直前に今一度私たちの身体を大人の仲間入りのための規格化あるいは標準化をするように、遺伝的に決められているのかもしれない。

第5章　現代社会に見られる対数正規分布の例

　私たちの身体は重力に耐えて自身の体重を保つことができるようにできている。特にヒトが直立歩行を始めたときから、生活のために荷物を背負って動き回ったり、かがんで仕事をしても身体が耐えられるように、私たちの骨格ができているはずである。平均身長の1.5倍程度の身長2.5 mやそれ以上の人が決して見られないのは、この単純な物理的制限が人類500万年の長い進化の過程で遺伝的に決まっているからに違いない。このように、自立した生活ができる大人の身長の平均値は遺伝的に決まっているが、そこからのばらつきである分布のほうは、成長期にはその成長の個人差を反映して対数正規分布のほうがよりよくフィットすると見るべきなのであろう。

　ともかく、図4—2に示してあるように、分布の平均値が標準偏差より大きくなると、対数正規分布は正規分布に近付く。身長の分布は、まさしくこの平均値が標準偏差より大きい場合に相当している。成長期にある児童の身長は、成長期であるために対数正規分布に従うけれども、正規分布に非常に近いといってよさそうである。

児童生徒の体重分布

　身長が縦方向の成長であるのに対して、体重の変化は縦方向の成長もさることながら、食生活の偏りなどでおなかが出たり、贅肉（ぜいにく）がついたりなど、主に横方向の成長に関係する。横方向の成長で太っても、自重による応力（胴体の断面積当たりにかかる力）はあまり変わらないの

で、私たちの行動にとって重大な座屈などにそれほど深刻には影響しないであろう。

また、私たち普通の人々にとって食生活にこれほど余裕ができたのは、人類史上ごく最近になってからのことである。そのため、縦方向の成長に比べて、横方向の成長には遺伝的な縛りが緩いのではないかと思われる。そのせいか、縦方向の成長である身長と違って、横方向の体重の増加は年齢に関係なく起こってしまい、平均体重の4倍以上の人さえ見かけられる。

実際、体重の分布を調べると、身長の場合と違って右裾が大きく尾を引いていて、明らかに正規分布は問題外であり、対数正規分布のほうがはるかによくフィットする。例として図5—7に2006年における17歳男子の体重分布を示す。図5—7(a)は体重の分布そのものであり、(b)はそれに対する累積個数分布で、これまでのランキングプロットに相当する。日本全国の生徒の約5％が対象なのでデータ数が多く、頻度分布そのものでも滑らかで非常にきれいであることに注意しよう。

ここで注目すべきことは、対数正規分布のほうが正規分布よりはるかによくデータにフィットするけれども、単一の対数正規分布ではどうしても無視できないくらいに外れる部分が出てしまうことである。この場合、図5—7に破線と点線で示されているように、データには二つのグループがあって、それぞれが対数正規分布に従うと考えて両者を加えると、実線で示されているように、

第5章 現代社会に見られる対数正規分布の例

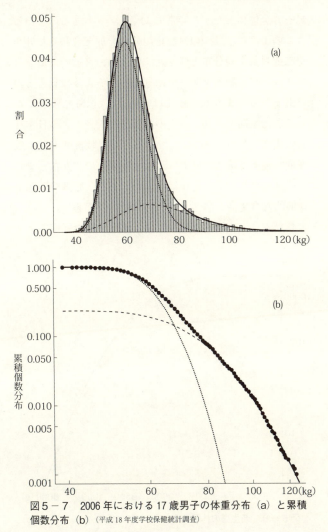

図5-7 2006年における17歳男子の体重分布 (a) と累積個数分布 (b) (平成18年度学校保健統計調査)

データ全体にわたって非常によくフィットするのである。

このように、二つの対数正規分布を加え合わせた分布を**二重対数正規分布**という。すなわち、普通の体重をもつグループと肥満グループに分けられるように見えるのである。このような二極化は1980年代以降に顕著になってきた傾向であり、戦後の高度経済成長による日本社会の成果（？）の一つなのであろうか。戦後間もなく成長期を迎えた筆者には太った小・中学校の学友などまったく覚えがないが、現在は大違いであり、肥満の問題は習慣的な食生活が関連する社会問題なのである。

ちなみに、分娩直後の新生児の体重分布を同様にプロ

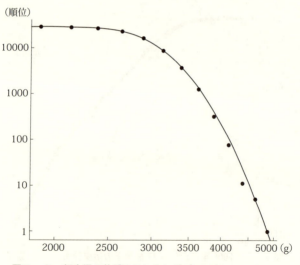

図5－8　新生児の体重のランキングプロット

ットしてみると、図5—8に示したように単一の対数正規分布に非常にきれいにフィットし、決して図5—7のような二重対数正規分布にはならない。図5—8は大阪府小阪産病院での1991—2005年にわたる新生児28000人のデータを使って描いたグラフである。胎児の育つ母胎の状態が主として生物学的に決まっており、胎児はその中で比較的安定に成長しているためであって、家庭環境の違いなどの社会の荒波にはまだそれほど影響を受けないからであろう。

複雑系の"正規分布"は対数正規分布

本章では、老人病や児童生徒の身長・体重などを例にして、複雑系の統計的な性質が対数正規分布でよく説明できることを述べてきた。また、図3—4や図4—3に示した各国GDPランキングが全体として対数正規分布に非常によく合致していることも含めて、すべて現実のデータを解析した結果を基礎にしていることに注意してほしい。

しかし、たとえ複雑系の統計的側面に限定したとしても、対数正規分布がすべてではありえないことは、べき乗分布になる地震や都市のランキングを見るまでもなく明らかなことである。ここで最も強調したいことは、複雑系の特質からその統計的側面に注目する限り、第一に考えなければならない分布は対数正規分布だということである。標語的にいえば、

「複雑系の"正規分布"は対数正規分布である」
あるいは、
「複雑系のデフォルト分布は対数正規分布である」
ということができる。

　以上の考えをさらに敷衍すると、もしもある複雑系の統計性が対数正規分布から外れると、その外れた部分は対数正規分布を基礎あるいは出発点にして議論できることになる。たとえば、図5—2(b)で見られる、長期介護期間の対数正規分布からの外れ（カットオフ）は高齢化による死亡確率の増大（ゴンペルツ則）によるものである。さらに、今後は医学と医療技術の進歩によっていっそうの長寿化が予想されるので、図5—4に示したようにこのカットオフが右に移動して介護期間も延長するという、社会問題まで読み取ることができるのである。すなわち、対数正規分布から外れる原因と意味や、もし問題があればそれに対処する方法まで追求できるようになる。このことについては次章でもう少し詳しく議論しよう。

第 6 章
社会現象を統計的に読み解く
——格差の現れ

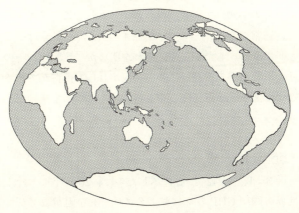

世界は複雑系

必ずしも同一ではないものが複雑に絡みあって一つのまとまりをなしている複雑系は、市町村、都道府県や国など、社会に数多くの例が見られる。このような複雑系の第一の特徴は、その要素が何であれ、歴史を背負っていて、変化が乗算過程的なことである。このとき、複雑系の統計が対数正規分布で特徴づけられる可能性が高いことはこれまでに見てきたとおりである。

　逆にいうと、注目する性質の統計が対数正規分布から外れるには、そのような変更をもたらす特別な理由がなければならない。社会現象の場合、何らかの付加的なメカニズムが働いて対数正規分布から外れることが考えられ、通常の発展からのずれ（格差の拡大）を見分けることができる。したがって、それを明らかにすれば、その社会現象の将来の発展について何かしらの提言ができるはずである。本章ではこのようなことについて議論してみよう。

GDP の現在

　図3—1、3—4、4—3に示したのは、2005年における世界各国の GDP のランキングプロットを両対数グラフで図示したものである。特に図3—4や4—3を見ると、対数正規分布が GDP のデータ全体にわたってぴったり合うことがよくわかるであろう。それでは、最近の流動

第 6 章　社会現象を統計的に読み解く

表6−1　2018年の世界各国の名目GDPの順位表　(10億ドル)

1	アメリカ	20,494.05
2	中国	13,407.40
3	日本	4,971.93
4	ドイツ	4,000.39
5	イギリス	2,828.64
6	フランス	2,775.25
7	インド	2,716.75
8	イタリア	2,072.20
9	ブラジル	1,868.18
10	カナダ	1,711.39
11	ロシア	1,630.66
12	韓国	1,619.42
13	スペイン	1,425.87
14	オーストラリア	1,418.28
15	メキシコ	1,223.36
16	インドネシア	1,022.45
17	オランダ	912.899
18	サウジアラビア	782.483
19	トルコ	766.428
20	スイス	703.750
(中略)		
176	セーシェル	1.573
177	ギニアビサウ	1.459
178	ソロモン諸島	1.424
179	グレナダ	1.196
180	セントクリストファー・ネイビス	1.019
181	バヌアツ	0.928
182	サモア	0.861
183	セントビンセント・グレナディーン	0.826
184	コモロ	0.742
185	ドミニカ国	0.494
186	トンガ	0.470
187	サントメ・プリンシペ	0.449
188	ミクロネシア	0.374
189	パラオ	0.297
190	マーシャル諸島	0.214
191	キリバス	0.189
192	ナウル	0.117
193	ツバル	0.045

(IMF, World Economic Outlook Database, April 2019)

する世界情勢を反映して、GDP のランキングに何か重大な変化があるであろうか。そのことを検討するために、2018年の世界各国の GDP のデータを調べてみよう。

表6−1には2018年の世界各国の GDP の順位が示されている。また、図6−1は表6−1の各国の GDP に対するランキングプロットを両対数グラフで図示したものであり、実線は対数正規分布でベストフィットしたものである。2005年の図3−4や図4−3と同様に、対数正規分布が2018年の GDP のデータにも全体にわたって見事にフィットすることがわかる。すなわち、世界各国

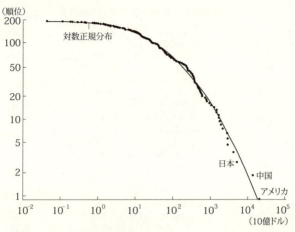

図6−1 2018年GDPのランキングプロット（IMF, World Economic Outlook Database, April 2019）

のGDPが対数正規分布に非常によくフィットするという傾向は、現在でも変わっていないということができる。

2018年の世界各国のGDPについて、2005年の場合と比べてみると、アメリカが相変わらずトップの座を保っているが、中国の躍進ぶりには目を瞠るものがある。2005年には中国のGDPは2位の日本の半分以下で、5位に甘んじていた。ところが、2018年には3位の日本の3倍近くのGDPで2位に躍進し、アメリカに迫る勢いである。これではアメリカがトップを脅かされ始めた思いに駆られ、米中貿易戦争を仕掛けたくなるのも、納得できるというものである。近ごろの米中貿易摩擦を見て、戦後の目覚ましい高度経済成長を遂げた日本に対し

第6章 社会現象を統計的に読み解く

て、1970年代から80年代にかけてアメリカが執拗に仕掛けてきた日米貿易摩擦を思い出された読者は多いのではなかろうか。

最近の日本経済の低迷に比べて、中国のここまでの経済発展の秘密はどこにあるのであろうか。筆者の長年の研究者・教育者としての経験からその理由や原因を探ると、以下のように考えざるを得ない。読者にはいろいろと異論もあると思われるが、ここに私見を述べることをお許し願いたい。

確かに、アメリカ政府がしばしば非難するように、中国は経済発展のために国を挙げて支援する、いわゆる国家資本主義的な経済政策をとるお国柄であり、この政策が見事に成功しているということができる。この点では中国と同様に日本も引けを取らず、戦後の高度経済成長が政府主導の経済政策のおかげで実現したのは間違いない。経済が発展途上にある場合には、国家資本主義的な経済政策は、ある意味で致し方のないことであろう。

しかし、現在の日本は決して経済の発展途上国ではなく、先進国の一つである。それにもかかわらず、日本は依然として国家資本主義的な経済政策を続けている。それどころか、現在の経済政策の中心であるアベノミクスに至っては、本来独立であるべき中央銀行としての日本銀行の施策に強い影響力を発揮しているし、首相自らが労使交渉にまで介入するという、戦前戦中の統制経済を彷彿させるような様相である。だからといって、日本経

済に改善の兆しは見えない。なぜであろうか。

　中国は経済ばかりでなく、基礎的な科学・技術の発展にも援助を惜しまず、そのための基礎となる国民の教育の向上にも力を注いでいるという。一方の日本は、すぐにもうかりそうな科学・技術へのバラマキ的な援助は惜しまないのに、分野を問わず基礎的な研究への補助は貧弱そのもので、多くの大学は人員削減を迫られていて現状維持も難しく、疲弊している。これでは有能な科学者・技術者が中国にヘッドハンティングされるのを食い止めることはできない。小学校・中学校・高校の教育に至っては、教員数をどんどん減らす一方で、道徳教育と歴史の見直しばかりが問題にされるという時代錯誤の有様である。これでは、戦後の高度経済成長を支えていたころの基礎研究・教育体制のほうがはるかにましだったということができる。

　このような現状分析から提言できることは明らかで、基礎的な科学・技術の発展に援助を惜しまないことである。すぐにもうかりそうな応用的な研究は適当な施設と資金があればいつでも誰かがやるが、基礎的な研究は大学院やそれぞれの分野の研究所で継続的に行うことでのみ可能なのである。また、それを支える人材の養成は、小学校・中学校・高校・大学でしかできず、しかも非常に時間がかかる。それでも地道に続けることにしか、私たちの明るい未来はないであろう。たとえば、基礎教育の出発点であるはずの小学校で、その教員の大部分が文

系出身だというのは問題ではなかろうか。せめて中学校・高校のように、小学校の教員も文系・理系出身者を半々ぐらいにすることにはそれほどお金はかからない。そうすれば、何にでも興味を抱く時期にある小学生の好奇心をもっと育むことができるはずであるし、文系的な興味とのメリハリもついて、文理を問わず中学校以降の教育の向上にも貢献するはずである。

米中貿易摩擦は現在も熾烈に続いているが、中国はかつての日本のように一方的に妥協するであろうか。日本は安全保障体制によってがんじがらめにされており、それと経済は別問題だなどというような理屈はまったく聞き入れられず、あらゆる問題でアメリカに追随している。その点では中国は独立であり、そう安易にアメリカの言いなりになることはないであろう。貿易摩擦は中国、アメリカ双方の経済に悪影響を及ぼし、それが日本をはじめとする世界各国に広がることになるので、結局は双方の痛み分けの形で妥協せざるをえないのではなかろうか。

GNIの推移

GDPはグローバルには単にお金の流れを示しているだけなので、ここでの考察に適していないかもしれない。そこで、図6—2に示した1965年と2017年の世界各国のGNI（国民総所得）のランキングプロットに注目してみよう。GNIは海外に保有する債権（対外資産）からの利子や配当をも含み、GNIのほうがGDPより各国の富

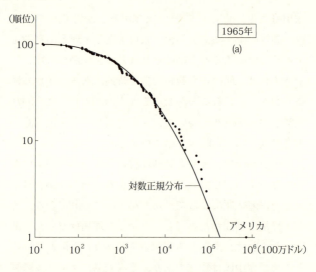
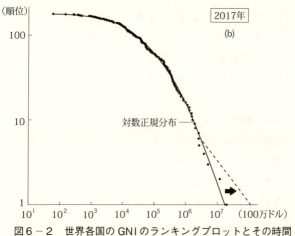

図6-2 世界各国のGNIのランキングプロットとその時間経過 (世界銀行)

の実態に近いと考えられるからである。しかし、実際には、図4—3や図6—1と図6—2(b)を比較してわかるように、両対数グラフで示した場合には、GDPとGNIの差はほとんど認められない。これは両対数グラフで示す限り、GDPとGNIの差をそれほど気にする必要がないことを示している。

それはともかく、この図6—2でまず印象的なのは、50年以上の時を経てもなお、対数正規分布（図中の実線）がGNIのデータに非常によくフィットすることである。ただし、横軸のスケールの違いには注意していただきたい。これは1960年代以降の各国の労働力人口の増加や科学技術の飛躍的発展が経済規模の拡大に反映した結果であろう。さらにはこの間のインフレ基調も影響しているかもしれない。

図6—2(a)によると、1965年ではアメリカ（1位）のダントツぶりが歴然としている。ところが、さすがに2017年ころにもなると1位の位置は依然として譲っていないけれども、その優位性はそれほどでもなくなっていることが、図6—2(b)からよくわかる。これはアメリカがヴェトナム戦争やイラク戦争などに過剰な軍事費を投入したこと、および農工業などの実体経済の進展よりも金融経済に重点を置くようになった結果であり、この国の実体経済の相対的な衰退は当面続くであろう。

分布の裾のずれ――富めるものはより豊かに

　図4―3や図6―1を見て明らかなように、GDPについては調査した年度にあまりよらずに、対数正規分布が右裾の部分だけでなく全体にわたってデータに見事にフィットしている。各国の経済状態は、それぞれの地理的事情のもとに、これまでの社会・経済の状況が歴史的に発展し、乗算過程として変化してきた結果であり、そのためにGDPが対数正規分布に乗るのだと考えられる。

　この場合、右裾の部分だけを取り上げてべき乗則でフィットすることがしばしば行われる。事実、図3―1や図4―3に示されているように、その部分だけを見ればべき乗的である。しかし、そのことにそれほどの意味があるわけではなく、単に対数正規分布の右裾がべき乗に見えることを表すにすぎない。

　ここでもう一度強調しておくと、各々の量が独立した乗算過程に従って成長を遂げるならば、図4―3や図6―1のGDPのように、全体として対数正規分布に従う。しかし、一般的には、対数正規分布を示すのは注目する複雑系の大多数を占めるごく普通のメンバーである。それに対して、ランキング上位にあって分布の右裾を構成しているまれな存在、たとえば企業統計の超大企業や個人所得額の統計の超高額所得者には、このことは当てはまらない。その理由は、貨幣のようなモノのやり取りが起こる状況では、より多くをもつところにモノがいっそう集中する傾向があり、分布の裾が対数正規分布からず

れてくるからである。

　超大企業や超高額所得者は周囲から富を吸い上げて成長し、その結果、いっそう吸い上げる力をもつようになるのであって、大多数の中小企業や普通の人々の場合とは異なる。このような傾向を標語的に「**富めるものはより豊かになる**（"The rich get richer."）」という。これは「増幅作用」、「正のフィードバック」、あるいは「優先的選択」などと呼ばれるものと同様の作用である。このことが一部の大企業の収益や高額所得者の収入に増幅作用（正のフィードバック）として働き、通常の対数正規分布からのずれを生み出すものと考えられる。次節以降では、本当に以上のようなことが成り立っているか、具体例で考察してみよう。

　逆に、経済的に苦しくなると打つ手が限られてきて、いっそう苦しくなるのが世の習いであり、それを救済するために最低賃金制などの社会福祉政策がとられている。しかし、社会福祉政策が貧弱な自由主義経済の下では「**貧しきものはより貧困になる**（"The poor get poorer."）」という現象が現実に起き始めていることは、あとで具体的に示そう。

市町村人口の分極

　都市人口のランキングプロットは世界のどこの国で調べても見事なべき乗分布を呈し、そのべき指数（35ページ「コラム：べき乗分布」参照）が-1に近い値になるこ

とは、**ジップ則**の名で古くからよく知られている。日本の地方自治体は市だけでなく、町村もあるが、なぜか市のジップ則ばかりが話題になる。それでは、町村も市と同じようにジップ則に従うのであろうか。これは興味深い問題であろう。

そこでまず、市・町・村を区別せず、全国市町村人口の順位（ランク）を調べてみよう。それを両対数グラフにプロットしたのが、図6—3(a)である。これは2015年における全国市町村人口のデータをランキングプロットしたものであり、曲線はデータにベストフィットする対数正規分布を表す。図から一目瞭然なように、右裾を除いて対数正規分布はデータに見事にフィットする。

対数正規分布から外れる右裾は直線状でべき乗的であり、それが都市からなることはいうまでもない。それを明らかにするために、市・町・村に分けてランキングプロットしたのが図6—3(b)である。この図で中央付近の縦線は人口5万を表す。

村の場合には、右裾の例外的な2、3の村を除いてすべて対数正規分布に乗っていることが確認できる。また、町の場合にもその90％近くが見事に対数正規分布にフィットするが、その右裾は人口5万あたりで鋭い切れ込み（カットオフ）を示すことがわかる。その理由は、法律により人口5万を超えた町は市に昇格できることになり、そのような町はほぼ確実に市への昇格を選ぶからである。この町人口のカットオフは、図5—2(b)に示した

第 6 章 社会現象を統計的に読み解く

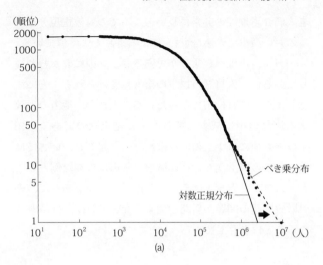

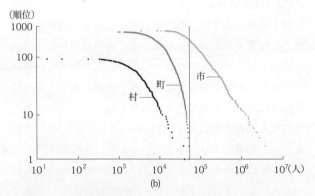

図6−3 全国市町村人口のランキングプロット (a) と市、町、村人口を別々にしたランキングプロット (b) (平成 27 年国勢調査)

老人病介護期間の非常に長いところでの対数正規分布からの鋭い減少（カットオフ）による外れとよく似ている。

一方で、市はべき乗分布であるジップ則におおむね従っているが、人口3万以下の市も見受けられることに注意しよう。これは市になったころの人口が、地方の過疎化の流れの中で減少してしまった結果なのである。10年以上も前に事実上の財政破綻を引き起こし、いまでは人口が1万にも満たない北海道夕張市は極端な例としても、人口が3万を下回る地方都市がいくつもあって、その財政再建の問題が新聞やテレビなどでしばしば話題になることはご存じであろう。

市と町村との格差

以上に見たように、誰にも目立って見え、経済的にははるかに重要だと考えられてしまう都市だけを見るとべき乗則に従うが、それをいろいろな意味で支えているはずの町村は対数正規分布に従うのである。ちょうど高額所得者は所得が高額であるためにそれをベースにいっそう高額な所得者になる（"The rich get richer."）のと同じように、都市は人口が多くていろいろな施設が充実しており、雇用機会が多い分だけ、いっそうその周辺の町村から人口を引き付けるという、増幅作用が働くのである。結果として、図6—3(a)の右裾の部分が、そこに示した矢印のように推移し、市がべき乗則に従うことになる。しかし、多くの町村はそういうわけにいかず、複雑系と

してのごく普通の歴史的経過をたどっており、そのために対数正規分布に従うと考えられる。

図6—3(a)の市町村の場合は、対数正規分布から右裾にべき乗分布が現れるという形での分極化であり、明らかに市と町村との格差を示していると解釈することができる。こういう分極化の状況の中で市町村合併をすると、自治体の行政組織は合理化されるであろうが、市・町・村それぞれの格差が見えなくなり、自治体内部での過疎化などによる格差がいっそう拡大し、野放しになる可能性がある。安易な市町村合併は格差の隠蔽(いんぺい)にはなっても、必ずしも現代社会の豊かさに結びつくわけではないことに注意すべきである。

都道府県の人口とその推移

戦後日本の都道府県の人口の推移を見てみよう。図6—4は都道府県人口のランキングプロットで、横軸が人口、縦軸が順位であり、両対数グラフで示されている。まず、1945年のデータ(●)に注目してみよう。実線はこのデータに対する対数正規分布によるベストフィットであり、この年の人口分布は対数正規分布でほぼ近似できる。

戦前のデータを同じようにランキングプロットすると、大部分の県が対数正規分布に乗り、人口の多い東京、大阪、愛知、福岡など6つのデータがちょうど図6—3(a)の右裾のようにべき乗的な裾を作っている様子がわかる。

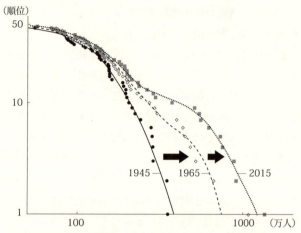

図6−4　都道府県の人口ランキングの推移（「国勢調査」及び「人口推計」）

1945年のデータからこの裾が消えた理由は、戦中の疎開と終戦直前の大空襲や直後の大混乱で東京や大阪、名古屋などの大都市からの人口流出が起こり、どの都道府県も特別なところがなくなったためであろう。実際、ランク上位の順位を調べてみると、1位北海道、2位東京、3位愛知、4位兵庫、5位大阪、6位福岡、などとなっている。

ところが戦後10年ごとの都道府県の人口の推移を調べてみると、1位の東京への極端な人口集中が始まり、2位大阪、3位神奈川、4位愛知、5位埼玉、6位千葉、などと推移し、最近ではわずかの差で2位と3位が入れ替わっている。さらに図からもわかるように、ランク

上位の 12 ほどの都道府県がそれ以下の県からくっきりと系統的にずれ始める。そして、年の経過とともにこの二つのグループの差はどんどん広がっていくのである。なお、戦後ずっと例外的に右方向にずれていた東京都も、1980 年代後半には例外ではなくなって他の上位グループに飲み込まれ、現在に至っている。これは東京の人口が増えすぎて、これ以上は物理的に増加できないような限界に近付いてきたためであろう。

図 6—4 には戦後のデータは 1965 年（◇）と 2015 年（■）におけるものしか示されていないが、矢印のような傾向は現在でもはっきりと読み取ることができる。図では最近の矢印が短くなっているのでこの傾向は鈍化していると思うかもしれないが、横軸が対数目盛であることに注意しよう。右の矢印が短くなっているのは見かけのことで、上位グループの増加傾向は決して変わっていない。

都道府県の間の格差

この図 6—4 の破線 (1965 年)、点線 (2015 年) はともに、上位グループと下位グループを別々に対数正規分布でフィットした後に和をとった二重対数正規分布のベストフィットである。この図から、二つのグループが移り変わるところまで含めて、非常によくフィットされていることがわかる。

二重対数正規分布については、体重の分布が普通組と

肥満組の二つの対数正規分布の和で表されることをすでに図5—7に関連して説明したが、ここでも二重対数正規分布がデータ全体にわたってよくフィットするということは、都道府県が二つのグループに分かれることを表している。これは都道府県人口の明白な**二極分化**を表す。確かに図6—3(a)の市町村人口の場合のような、対数正規分布の右裾にべき乗分布が現れる形での分極化とは異なるけれども、二極分化には違いない。

戦後の日本は抜本的な社会改革と経済発展プログラムによって急速に国力を回復し、経済大国へ向かって邁進する。その過程で起こったのは、経済の効率的発展がいっそうその発展を促すという増幅作用による都道府県人口の極端な二極分化であった。富める都道府県はいっそう豊かになり、そうでない県は富める都道府県に人口を供給し続けるという悪循環をあまりにもはっきり見て取ることができ、日本国内の南北問題とでもいいたくなる。

図6—5に、2015年の都道府県人口のトップ12を、地図上に濃く塗って示してみた。関東、東海、阪神への人口集中が際立っていることをはっきりと見て取ることができる。しかし、このような人口集中がずっと続いてよいものであろうか。3・11東日本大震災とその後の原発事故のようなことが、次にはこの都府県の近辺でも起こる可能性がある。その場合には日本はどうなることであろうか。私たちすべてが自分自身のこととして十分に考えるべき重大な問題なのである。

第6章　社会現象を統計的に読み解く

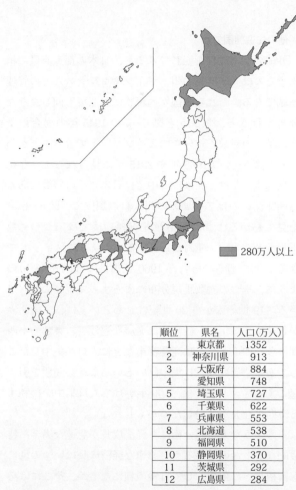

順位	県名	人口(万人)
1	東京都	1352
2	神奈川県	913
3	大阪府	884
4	愛知県	748
5	埼玉県	727
6	千葉県	622
7	兵庫県	553
8	北海道	538
9	福岡県	510
10	静岡県	370
11	茨城県	292
12	広島県	284

図6-5　2015年の都道府県人口のトップ12(平成27年国勢調査)

他の先進諸国では

外国の事情に目を転じてみると、日本の都道府県に相当するのはアメリカの州、ドイツやフランスなどの管理区域である。これらの国々の現状に対しても同じような分析を行うと、ちょうど図6―4の1945年の場合のように単一の対数正規分布でよくフィットできることがわかる。図6―4の1965年や2015年に見られるような極端な二極分化は、先進国の中では日本だけの特徴である。

興味深いのはアメリカの州人口の順位で、図6―6(a)を見てわかるように、20世紀初頭前後では三つの対数正規分布の和(三重対数正規分布)で見事にフィットできることである。それが1960年代以降は図6―6(b)のように、一つの対数正規分布にまとまって現在に至っている。19世紀末から20世紀はじめといえば、アメリカが急速に工業化し、経済的に発展を遂げて、東部や中西部の多くの工業都市や商業都市などに人口が集中したころである。過度な人口集中はいろいろな社会問題を引き起こす。アメリカでは、100年かけて人口集中を緩和する方向に社会が進展したのかもしれない。

このような人口の分極は、経済成長が急速な場合に特徴的なことなのであろう。急速な経済成長はいつの世にも富裕化への象徴として自慢の種になるが、そこには必ず分極化あるいは格差という内部矛盾が潜んでいることに思い至るべきである。

第6章 社会現象を統計的に読み解く

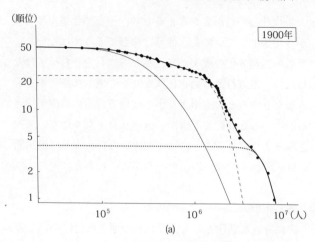

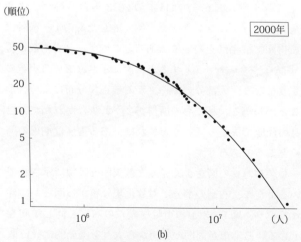

図6-6 アメリカの州人口のランキングプロット。1900年(a)と2000年(b)

現代社会の豊かさを考えるとき、一部の都道府県で豊かさを謳歌していても、他県は決してそうではないというこの二極分化の現実から、私たちは目をそむけてはならない。地方行政の効率化ばかりを考慮して道州制を導入したりすると、道州より小さな地方自治体組織が抱えるいろいろな問題や矛盾がいっそう見えなくなり、無視されるようになることはほぼ間違いない。安易に道州制に賛成すべきでない理由の一つがここにある。

個人所得の格差——日本の場合

次に身近な話題として、私たちの個人所得について考えてみよう。図6—7は日本の2012年の所得データを両対数グラフにランキングプロットしたもので、横軸は所得額、縦軸はその順位である。このデータを対数正規分布でベストフィットすると、図に示されている実線のようになり、大部分のデータが対数正規分布によく合うことがわかる。私たちの所得が多かれ少なかれ私たち自身の経歴で決まっているとすれば、ある程度は納得のいくところであろう。

しかし、この図をよく見ると、矢印と破線で示されているように、右裾の部分が対数正規分布から明らかに外れており、図6—3(a)の市町村人口の右裾と同じ傾向を示している。市が周囲の町村から人々を優先的に吸い取って人口増加するのと同様に、高額所得者は一般の人々に比べて何かと収入増加の機会が増え、所得額がいっそ

第6章 社会現象を統計的に読み解く

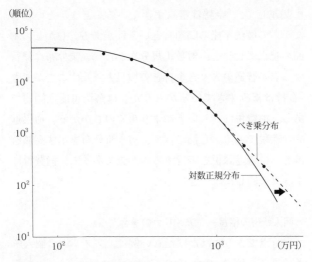

図6-7　日本の個人所得のランキングプロット

う増加するという増幅作用の仕組みが働く結果であって、**所得格差**の現れである。

このように、図6―7の右裾に見られる対数正規分布からの外れは明らかに"The rich get richer."による結果であり、平等な競争によるものではない。したがって、このような所得により重く課税するのは当然のことである。ここに累進課税の正当性の根拠があるということができる。

アメリカの有名な経済学者J. K. ガルブレイスの著書『ゆたかな社会　決定版』（鈴木哲太郎訳、岩波現代文庫）の361ページに、学校や病院などの公共施設への支出

に関連して、「金持は富みすぎているかどうかという昔ながらの解決不能の問題」という件(くだり)がある。しかし、本節の視点に立つと、対数正規分布からべき乗分布に移行する点が普通の人々と金持との境目とみなすことができ、「金持は富みすぎているかどうか」は解決可能な問題である。消費税は貧しい者により重くのしかかる、逆累進的な課税である。したがって、べき乗分布を示す高額所得者への累進課税を実行するのが先であって、消費税はずっと後回しにすべきである。

個人所得の格差——アメリカの場合

現時点でさらにはなはだしい例は、アメリカの個人所得である。図6—8はU. S. Census Bureau（米国国勢調査局）の2010年のデータをもとに両対数グラフにランキングプロットしたもので、図6—7と同様、横軸は所得額、縦軸は順位である。かつてはアメリカの個人所得の分布は大部分の人々が対数正規分布に乗り、ごくわずかの超高額所得者が右裾にべき乗分布するといわれていた。しかし、現在では右裾の高額所得者の対数正規分布からの外れが目立つだけでなく、左上の極貧層の増加がはっきりと認められるようになってきた。

右裾のべき乗的なずれが「富めるものはより豊かになる（"The rich get richer."）」を表すことはしばしば言及される。だとすれば、左上の盛り上がりは「貧しきものはより貧困になる（"The poor get poorer."）」ことを表して

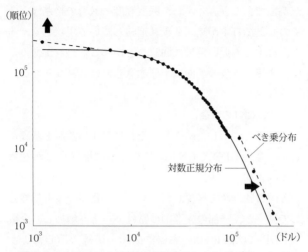

図6-8 アメリカの個人所得のランキングプロット (U.S. Census Bureau, 2010)

いる。これは明らかに貧富の格差が近年極端に目立ってきたことを意味し、2011年に起こった首都ワシントンでの貧富の格差に対する若者たちの抗議デモのニュースとも符合する。アメリカがアメリカのいう自由主義経済あるいは金融経済で国全体としては裕福になっているとしても、国内では貧富の著しい格差が生じつつあることは否定できない。図6-8の中に矢印で示したように、今後も格差の拡大が続くであろう。

幸いにも日本ではこの左上の盛り上がりはまだ観測されていない。それは我が国の社会福祉政策が、民主主義より自由主義に重きを置く傾向にあるアメリカよりまし

だからであろう。しかし、医療制度や教育の格差など多くのことで日本がアメリカに追随している現状を考えると、日本でも近い将来に同じことが起こる恐れがあるので、今後の行政の動向に十分注意しなければならない。

GDP、GNIの今後

これまでに示した結果と、それに対する議論を基礎にして、今後GDPやGNIがどのように推移するかを考えてみよう。

各国の独自性を無視したグローバル化が今後も依然として続くと、一部の先進国の富はいっそう増加し、今後のGDPには図6—9の右裾に矢印と破線で示したようにランキングプロットの右裾にべき乗が現れるかもしれない。これは人口稠密な都道府県がそうでない県から人口をいっそう吸い取るのと同じことであり、大きくて魅力的な市が他の市や周辺の町村から人口をいっそう呼び込むのと変わりのない分極化だということができる。

そして、発展途上国は先進諸国の物資の生産拠点となり、国内の拠点に選ばれた地域は周囲から人口を吸い上げて、人口の分極化を引き起こす。結果として、発展途上国内の貧富の格差を拡大させることになるであろう。他方で、先進諸国内でも、工場の海外移転が起こって雇用機会が減り、国内での貧富の格差が大きくなる。結局は、世界的規模で、「富めるものはより豊かになり、貧しきものはより貧困になる」ことになる。

第6章 社会現象を統計的に読み解く

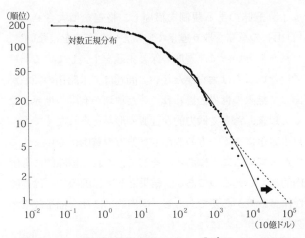

図6-9 2018年GDPのランキングプロット（IMF, World Economic Outlook Database, April 2019）

このように考えると、TPP協定（Trans-Pacific Partnership Agreement；環太平洋経済連携協定）をはじめとする経済のグローバル化はあまりにも多くの問題をはらんでいるといわざるをえない。自由貿易の「自由」の実態には常に注意が必要なのである。弱肉強食的な無制限な「自由」競争には、競争参加者（国）の独自性や歴史性が考慮されることはない。

自由貿易を推進する立場では、それぞれの国にある規制が自由貿易を阻害するものとして、常にやり玉にあがり、その撤廃が求められる。しかし、その規制はほとんどの場合、国内事情によって設定されたものである。それにもかかわらず、「自由化」という甘い言葉で社会的

に十分意味のある規制を撤廃し、格差を増大させる。「自由」の意味を取り違えているといわざるをえない。

　だからといって、過度の保護主義を主張しているわけではないことは論を俟たない。問題は、未開拓の領域があって無限の世界と思われていた地球が有限の世界になって以来、たとえ武力的な征服の形がとられなくても、自由競争による一方の豊かさは他方の貧困にそのままつながっていることにある。そして、これは国際的にも国内的にもいえるのである。結果として、国際的には適度な保護政策が必要であるし、国内的には社会福祉政策が必須ということになる。

　具体的に考察するために、日本の場合に注目してみよう。経済のグローバル化が進めば、先進国日本は全体としては図6—9に示したような矢印の方向に乗り、いっそう富裕になるかもしれない。しかし、そのためにはこれまで以上に効率よく生産に励まなければならないことになる。そこで安い労働力を求めて、工場の国外移転がいっそう進み、労働市場の縮小の憂き目に遭い、全国的にも「働き方改革」と称して労働時間の規制緩和に向かうことは火を見るよりも明らかである。

　規制緩和というと何かより自由になるように聞こえるが、企業でいえば権力のある経営者側が緩和によって何かを勝手にできるようになることである。そのために、これまでの規制緩和で無力になりつつある労働組合をはじめとする労働者側では、何も抵抗することができず緩

和の顛末(てんまつ)を単に受け入れざるをえないことになる。その結果として、GDPやGNIで見れば国際的には勝ち組になるかもしれない日本でも、国内的には図6―7の右裾のずれがいっそう顕著になるだけでなく、アメリカの場合の図6―8の左上の矢印で示したようなずれも現れ、所得格差がいっそう進行することが予想される。それでなくても遅々として進まない3・11東日本大震災や原発事故からの復興が、いっそう遅れることは間違いない。

もう一つの、希望的予想

前節の予想は自由主義経済という名のもとにグローバル化が続き、何よりも経済発展が優先されるような場合のものである。しかし、日本をはじめとする先進国の国民の超高齢化は目に見えており、いつまでも経済優先の政策を続けることができるとは思えない。翻って世の中全体を見ると、老若男女すべての人からなる社会があって、その中で経済活動が行われているのであって、経済だけがすべてではない。このことを考慮すれば、それぞれの国や地方に固有の歴史と文化を尊重しつつ、平等な競争のもとで発展する社会も考えられるはずである。

このように考えると、別の希望的な予想も成り立つ。それは図6―9に実線で示されている対数正規分布に落ち着くことである。だからといって、これは進歩・発展のない静的な世の中になることを意味しているわけではない。このことは、図6―2の対数正規分布の曲線に見

事にフィットしている、アメリカを除く各国のGNIが1960年代から2000年代にかけて飛躍的に発展したことからもわかるであろう。

　問題は、それぞれの国の独自性を認めつつ、なるべく平等な競争を追求することによって、ランキングプロットの右裾にべき乗の部分が現れたり（"The rich get richer."）、左上の盛り上がりが起きたり（"The poor get poorer."）するようなあからさまな格差を生じさせることなく、世界全体として進歩・発展を実現するにはどうすればよいか、ということである。これは、GDP、GNIだけでなく、これまでに見てきた市町村、都道府県や所得などの国内の格差問題にもそのままいえることである。

おわりに——現代社会の豊かさとは

　人間の作るものは何であれ、ある一定の基準に従っていることが多いために統計的には単純で、その基準値を中心にして小さく細かいけれども人間の能力の及ばない誤差（乱れ、揺らぎ、……）をもって分布し、必然的に正規分布をすることになる。この場合、規格品であるがゆえにちゃんとした平均値が存在し、それからのばらつきがあるといっても、それさえも標準偏差で数値化できるという意味で、御しやすいということができる。

　しかし、自然界に目を向けると、途端に人工の規格品のようなものにはお目にかかれず、統計的には正規分布は例外になってしまう。私たち日本人がほとんど日常的に経験する地震についていうと、微小な地震の頻度は非常に高く、その規模（マグニチュード）が大きくなるにつれて頻度が下がり、巨大地震はめったに起こらないという、非常に広い範囲にわたって見事なべき乗分布をする。社会現象にもべき乗分布するものは多く、典型的な例が都市人口である。べき乗分布が厄介なのは、正規分布と違って平均値が存在せず、標準的な大きさがわからないことである。地震でいうと、標準的なマグニチュードがないのである。そのために、3・11東日本大震災のような巨大地震がこの前起こったばかりだからといって、当分起こらないとは言い切れない。残念ながら、地震の

予知はできないのである。

 だからといって、べき乗分布が普遍的かというとそういうわけでもない。本書でこれまでに強調してきたように、注目する統計量が時を経た歴史の結果であれば、それが身の回りのことであろうが、より広い社会的な出来事であろうが、生き物、さらには宇宙の出来事であろうが、基本的には対数正規分布を示す。

 さらに市町村の人口の例でわかるように、対数正規分布から外れる部分があれば、なぜ外れるのか、その理由も追求できる。以上に述べてきたように、本書では、世の中の多くのことが対数正規分布で表されることを示し、その特徴と理由を説明しようと試みた。さらに、ある社会現象が対数正規分布から右裾や左端で外れるような場合には、それが格差の現れであることを明らかにするとともに、それらの格差の是正の処方を示唆することも可能であることがわかった。

 本書であげた例のいくつかの傾向は、言葉のうえではすでに言われていたことかもしれない。しかし、ここでは実際のデータを大きさの順に並べて順位表を作り、ランキングプロットを行うなどの簡単な方法でも、その傾向をはっきりと目に見えるようにできたことを強調しておきたい。これが統計を読む目を肥やす重要なポイントであり、それを実例で示すことが本書の目的の一つでもあったのである。

おわりに——現代社会の豊かさとは

　もう一つ強調したいのは、最後の章で社会現象に絡んだ複雑系についての統計分析を試み、現実の格差を浮き彫りにしたうえで、その原因や対策などを議論してみたことである。膨大な財政赤字を生み出した責任を忘れて、政府はその解消のために"小さな政府"政策をとろうとする傾向がある。しかし、それはきめ細かな福祉政策の削減につながり、結果は「富めるものはより豊かになる」だけでなく、「貧しきものはより貧困になる」ことになりかねない。

　"小さな政府"政策は、本来しなければならない民主主義的な社会政策よりも上に自由主義的な経済政策を位置づけることであり、それぞれの国に固有な歴史や文化を無視した本末転倒の政策にすぎない。これまでの議論をすべて考慮すれば、過去2、30年の異常なくらいの金融重視の経済、あるいは国の独自性さえ無視するようなグローバリゼーションを見直すべき時期に来ているという結論が自然に導かれるであろう。

　富めるものがより豊かになれば、いずれ貧しきものにも富がしたたり落ちてくる（トリクルダウン）というもっともらしい発言が、一部の経済学者や政治家から聞こえてくる。もしこれが事実なら、もうとっくに格差の縮小しつつある社会が実現しているはずであるが、貧富の格差はいっそう広がっているのが現実である。現状ではまだそれほど豊かになっていないというのであれば、それは富めるものがいっそう豊かになりたいだけの言い訳

にすぎない。

　富めるものの富がしたたり落ちて私たちもそのおこぼれにあずかるためには、その富を消費しなければならない。ところが、富めるものの収入に対する消費の割合が一般庶民のそれより低いことは経済学上の事実であって、トリクルダウンはありえない。ここに累進課税にすべき根拠があるのだが、近頃ではますます累進課税率が低下しており、逆累進の典型である消費税ばかりが取りざたされている。これも貧富の格差を助長していることは間違いない。

　現代社会の豊かさを考えるとき、現代の科学技術がもたらした、便利ではあるがごく短期的な文明だけに目を奪われがちである。しかし、長年月の歴史の試練を乗り越えて続いてきた文化を忘れてはならない。私たちが生きていくためには、金銭的な豊かさや目先の便利さだけでなく、文化の豊かさも必要なのである。

　金融経済の独り歩きはもういい加減にして、経済学の上に適切な社会学を確立し、経済的価値の上に何らかの社会的価値基準を置くような社会にするべきではなかろうか。そのうえで社会が必要とする経済発展を考えればよいのである。私たちは3・11東日本大震災と悲惨な原発事故の経験と教訓を決して無駄にしてはならない。その点で、空気、水、森林、田畑などの自然環境や、道路、交通機関、上・下水道、電気・ガスなどのライフライン、教育、医療など、私たちの生活に基本的に必要な

おわりに——現代社会の豊かさとは

ものを**社会的共通資本**とし、市場経済になじまないものとする考えは、今後いっそう重要性を増すであろう。

あとがき——複雑系科学の世紀

　実をいうと、筆者は物理学者として人生のかなりの部分を費やしてきたものである。そこで最後に、その立場から近・現代の科学を概観してみて、これからの社会科学も含めた科学の発展を傍観することをお許し願いたい。

　いわゆる近代自然科学はルネサンス後の西洋で始まり、そこで発展してきた。大まかにいって18世紀あたりまではひとまとまりの科学として発展したのであって、物理学や化学、生物学などとそれほど細分化していなかったと見たほうがよいかもしれない。ところが19世紀ともなると、化学の世紀ということができるであろう。何しろ、それまで何か必要なものがあると、それがあるところまで取りに行かなければならなかったのが、そのころから必要なものを経験的・化学的に合成したりして製造することができるようになり始めたのであるから。

　次の20世紀は物理科学の世紀とよくいわれる。確かに日常生活を振り返ると、私たちは知らず識らずのうちにその成果のおかげで生きていることがわかる。朝はどこまでも正確な電波時計のベルで目が覚め、朝食には電子レンジなどの電化製品が活躍し、外出の前にはテレビやラジオあるいはスマートフォンなどで天気予報や交通情報をチェックする。外出の際に使う自動車、電車、飛行機のどれをとっても、それらはエレクトロニクスによ

って制御される。仕事をする場がどこであれ、また教育の場である学校でも、パソコンやプロジェクターが活躍する。夜になって家に戻ると、消費電力の少なさが特徴のLED電球が部屋や机上の照明に活躍している。しかも、これらはほんの少数の例にすぎず、すべてを網羅することなどとてもできない。これらはすべて20世紀の物理科学およびそれを基礎にした技術の発展の成果だということができる。

　そこで、その中心である20世紀の物理学の発展をもう少し詳しく眺めてみると、意外なことがわかる。力学などのいわゆる古典物理学の矛盾が19世紀末に噴出してきたが、それらは20世紀の幕開けとともにアインシュタインの特殊相対性理論（1905年）と一般相対性理論（1915年）、ハイゼンベルクやシュレーディンガーなどによる量子力学（1925、26年）の発見によってことごとく解決された。これが現在に至るまで、現代物理学の3本柱であって、これ以外の柱は何もない。

　確かに、その後の原爆や水爆、原発への応用の道を切り開いた原子核物理学の発展があるが、これは基本的には原子核への量子力学の適用と見ることができる。また、物質の究極の構造を追究する素粒子物理学は量子力学と特殊相対性理論の結びつきの成果とみなされる。老若男女の誰もが一度は思いを馳せる、宇宙の神秘を追究する天体・宇宙物理学は、基本的には一般相対性理論の応用と見ることができるであろう。私たちが上に記したよう

あとがき——複雑系科学の世紀

な、日常的に世話になっているエレクトロニクスなどの技術に実を結ぶことになる固体物理学や物性物理学は、金属や半導体などの結晶中の電子の振る舞いに量子力学を適用することが基本である。

もちろん、これらの分野は現代物理学を支える諸分野として、現在でも世界的に日夜研究されているのであって、その重要性は疑いようがない。ただ、広い視点で科学を見た場合には、これだけに尽きるものではない。

実際、世界的な現代科学の流れを見ると、1970年前後が間違いなく大きな岐路になったように思われる。すなわち、モノそのものをどこまでもごく微小な、あるいは超巨大なスケールに広げて詳しく調べるという、それまでの縦方向的で要素還元主義的な見方だけでなく、横方向的なモノのつながり方やモノの集まりの仕方、それらの変化の仕方も、同じように科学にとって重要であることが認識されるようになったからである。いってみれば、自然科学がようやく社会科学的な見方も取り入れるようになったということであろうか。ただ、これらの点についてはすでに20世紀のはじめに、寺田寅彦が自身の数々の研究や随筆の中でおりに触れて強調していたことを忘れてはならないと思う。

こうして、1970年代半ばにはカオスの研究が世界的に爆発し、1970年代後半から80年代前半にかけてフラクタルが科学のほとんどすべての分野にわたって研究されるほど隆盛を極めるようになった。そして、カオス、

フラクタルの研究がそれなりに落ち着き始めた1980年代半ばから「複雑系」という言葉が聞かれるようになり、1990年代に入ってからは「複雑系科学」という言葉も定着し始めて、現在に至っている。

本文でもいろいろな問題に関連して強調してきたように、複雑系の例は自然科学、社会科学のすべてにわたって見られる。たとえば、地震や火山、気象や自然環境などを問題とする地球科学、進化、適応、免疫などを議論する生物・生命科学、社会学、経済学、政治学などを含む社会科学などにいくらでも複雑系の例が見られる。あまりに範囲が広すぎ、対象が多すぎて、とてもまとまりがつかないであろうと危惧したくなりそうである。

ところがそういう危惧とは裏腹に、1998、99年にはネットワーク科学が忽然と現れ、その研究は燎原の火のごとく世界に広まったのである。第3章のはじめに、複雑系とは、必ずしも同じとは限らない物や人が多数集まって複雑に絡みあい、非線形的に相互作用していながらも、一つにまとまっているような系だと記した。ということは、複雑系の構成要素はすべてネットワークを組んでいるということになる。すなわち、このネットワーク科学は複雑系すべてにまたがる研究分野の一例だということができる。

逆にいうと、複雑系科学は非常に広い対象を扱っているので、今後いつまたネットワーク科学に相当するような新しい「科学」が生まれてくるかわからないともいえ

あとがき――複雑系科学の世紀

るであろう。この意味で、筆者は、自身の強い願望も込めて、21世紀は自然科学、社会科学も含めた「複雑系科学」の世紀になるものと思っているのであるが、いかがであろうか。

　以上のことを踏まえたうえで、複雑系の科学の発展に関する筆者の考えを述べてみたい。複雑系の科学が真の「科学」として独り立ちするためには、本書のように複雑系の統計的性質だけに限るのではなく、少なくとも複雑系の構造とダイナミクスも組み入れなければならないであろう。その意味では、複雑系はあまりに広いので、せめて私たちの社会の構造、ダイナミクス、統計を議論してみるのも意味があるのではなかろうか。

　最近では統計物理学の観点から様々な社会現象を捉えなおす、「社会物理学」とでも呼べる試みがいくつか現れつつある。この流れの背景には、統計物理学の懐の深さというか、応用範囲の広さという特徴があるだけでなく、インターネットやパソコンなどの情報技術の飛躍的な発展のおかげもあろう。今や大量のデータをパソコンに集めて、興味の赴くままに様々な統計分析を行うことは容易である。しかし、このような試みから普遍的な「科学」を生み出すためには、ある特別な現象が起こるまでに多くの名もなき現象の積み重ねという歴史が必ずあるということを忘れたり無視したりしてはならない。

　私たちはつい、株価や為替レートの高騰や暴落など、まれで目立った現象の統計ばかりに注目したくなる。し

かし、このような大変動にはそれが起こるための温床や基盤があるはずで、そちらの特性も調べ、さらにはその社会的な意味についても考察すべきである。目立つけれどもごくまれな現象の表面的な解析で満足することなく、その背後にある社会と歴史を地道に調べ上げ、その発生要因を論理的に追究する姿勢が重要ではないかと思われる。そこに新しい社会科学の将来がかかっている気がしてならない。

　本書は筆者が過去30年弱、中央大学理工学部物理学科にいて、毎年筆者の研究室に所属した卒業研究生、修士課程や博士課程の大学院生、それに筆者の研究室所属の教育技術員や助手・助教であった若手研究者たちとともに、研究したり議論したりし、ときにはビールやおいしい日本酒、ワイン、焼酎などを飲みながら語り合って練りあげてきたささやかな成果を筆者が代表してまとめたものである。議論の際の指針は、寺田寅彦の自然や社会に対する見方・捉え方・考え方であり、私たちが「寅彦の目」と称したものである。「寅彦の目」を通してともに議論してきた仲間のすべて、特に、脇田順一、森山修、山崎義弘、國仲寛人、小林奈央樹、佐々木陽、三橋雄の各氏に感謝する。國仲氏には本書で採用したいくつかの図を提供していただいたこと、山崎氏には図だけでなくシミュレーションの結果を提供していただいたことをここに記して謝意を表したい。

あとがき——複雑系科学の世紀

　また、科学的に興味深いだけでなく、社会的に非常に重要な老人病問題の共同研究に筆者を招き入れてくださった松下哲氏に心から感謝したい。氏との共同研究、それに関連した氏との多くの議論と氏の博識によって、専門分野に限られた筆者の狭い視野がどれほど広がったかわからない。氏との共同研究が、老人病問題だけでなく、多くの社会問題に注意を払うきっかけとなったのである。

　畏友香山晋氏には、本書の原稿の準備段階のころに、参考文献に記したシューマッハーの書を教示していただいたことに深く感謝する。筆者のこれまでの生き方、考え方、研究の仕方の方向はそれなりにはっきりしていたつもりであるが、それらの根底にあるべき土台が確定しておらず、ぐらついていたといわざるをえない。しかし、氏に紹介されたシューマッハーの書の読後感は、まさに目からうろこが落ちた感じであって、いまでは明らかに筆者の生き方とそれを支える考え方の基盤を見つけた思いでいる。

　もちろん、このほかにも非常に多くの方々の研究成果やコメントなどで世話になっている。ここにはいちいち名前をあげることはできないけれども、それらの方々にもお礼を申し上げたいと思う。

　最後に、どちらかというと地味な物理学者である筆者に本書の執筆の機会を与えてくださったうえに、拙稿を何度も読んで修正の労をとっていただき、幾度となく励ましの言葉をいただいた中公新書編集部の酒井孝博氏を

はじめ、中央公論新社の各氏に深く感謝する。

2019年9月

松下　貢

巻末コラムA：ランキングプロットと個数分布

このコラムでは、ランキングプロットと個数分布の関係を、図1—2に示したような身長の分布を具体例にして、詳しく考えてみよう。

いま、自分も含めて全体でN_T人のグループがあって、このグループの身長の個数分布が図A—1(a)のように$n(x)$で与えられているとしよう。このグループの最高身長は$x_M$cm、最低身長は$x_m$cmだとする。ところで、自分の身長は$x_0$cmであって、グループ全体N_T人の中でN_0番目に身長が高い（順位がN_0）だとしよう。すると、図A—1(b)のランキングプロット（累積個数分布）$N(x)$では、この図に示されているように、横軸x_0、縦軸N_0の1点が決まる。このように、図A—1(a)の個数分布$n(x)$での身長xに対応して、図A—1(b)のランキングプロットでは順位$N(x)$が必然的に決まることになる。図A—1(b)のランキングプロットにおいて、$x>x_M$で$N(x)=0$なのは、x_M以上の身長の人がいないためであり、$x<x_m$で$N(x)=N_T$のままなのは、x_m以下の身長の人がいないために累積個数が変わらないからである。

ところで、自分の身長が$x_0$cmで順位がN_0だと

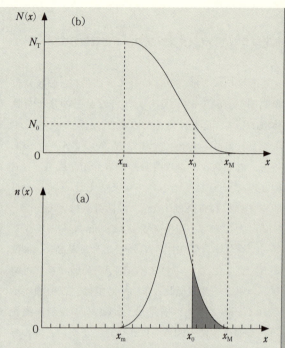

図A－1 身長の(a)個数分布 $n(x)$ と(b)累積個数分布 $N(x)$ の関係

いうことは、自分以上に身長の高い人が自分も含めて N_0 人いるのと同じことである。個数分布はそれぞれの身長をもつ人の人数なので、自分も含めて自分より身長の高い人の合計 N_0 は、図A－1(a)の個数分布 $n(x)$ で薄く塗りこんだ部分の合計人数ということになる。これはその部分の面積であり、面積

巻末コラム A：ランキングプロットと個数分布

は積分で与えられる。したがって、ランキングプロット $N(x)$ は、個数分布 $n(x)$ の x 以上の部分の積分で与えられることになり、

$$N(x) = \int_x^\infty n(x')\,dx' \tag{A.1}$$

と表される。ここで x_M 以上の身長の人は誰もいないので、便宜上積分の上限を∞（無限大）とした。

(A.1) がランキングプロット $N(x)$ と個数分布 $n(x)$ の関係を表す式である。また、積分と微分は互いに逆の演算操作に相当するので、(A.1) の両辺を微分すると、個数分布 $n(x)$ が

$$n(x) = -\frac{dN(x)}{dx} \tag{A.2}$$

のように、ランキングプロット $N(x)$ の微分で与えられる。

(A.1) と (A.2) からわかるとおり、ランキングプロット（累積個数分布）$N(x)$ と個数分布 $n(x)$ は数学的には等価である。ただ、有限個数のデータを扱う現実の問題では、ランキングプロットのほうが手続き上はるかに単純であり、しかも有利な点があることは、本文で強調したとおりである。

巻末コラムB：指数関数と対数関数

対数については、第2章でグラフの対数目盛に関連してほんのさわりを説明した。対数正規分布を説明するためには、対数の基本的な特性を理解しなければならない。そのための準備として、まず指数関数を説明しよう。

べき乗については第2章のはじめのところで説明した。いま、べき乗の底を簡単のために10とし、べき指数がいろいろの値をとって変化するものとして、それをxで表すと、10^xという数式が得られる。この式ではべき指数が変数xなので、このような関数を**指数関数**という。この指数関数をyと置き、

$$y = 10^x \tag{B.1}$$

と表しておく。ここでは簡単のためにべき乗の底を10にしたが、指数関数の底は1以外の正の定数であれば何でもよい。1は何度掛けても1のままなので、べき乗の底としてふさわしくない。

指数関数（B.1）をこれとよく似たべき乗分布の式（2.1）と比べると、べき乗の底の部分が指数関数では定数10なのに対して、べき乗分布では変数xであり、べき指数のほうは指数関数では変数xな

のに対して、べき乗分布では定数$-\alpha$である点が違う。そのために、両者は関数としては本質的に異なることに注意しよう。

指数関数 (B.1) では、右辺でxの値を一つ与えると、左辺のyの値がただ一つだけ必ず決まり、xとyの値が1対1に対応する。たとえば$x=2$のとき、$y=10^2=100$に決まるのであって、それ以外には絶対にならない。ということは、逆にyの値を一つ与えても、xの値がただ一つだけ必ず決まることを意味する。上の例では、$y=10^2$とすると、必ず$x=2$と決まることになる。そこで、xの値を与えるとyの値が決まる (B.1) の代わりに、yの値を与えるとxの値が決まるような関数関係、

$$x = \log_{10} y \tag{B.2}$$

を導入しよう。この式の右辺が、10を底とし、yを変数とする**対数関数**なのである。

(B.1) で$x=0$とすると、$y=1$が得られる。xとyの値の対応関係は変わらないとしたので、これらの値を (B.2) に代入すると、

$$0 = \log_{10} 1 \tag{B.3}$$

が得られる。これは、1の対数が常に0であるという、対数の重要な特性を表している。同様に、

(B.1) で $x=1$ とすると $y=10^1=10$ となるので、これらを (B.2) に代入すると、

$$1=\log_{10}10 \qquad (B.4)$$

となり、対数の底の対数は 1 であるという重要な結果が得られたことになる。

さらに、(B.1) で $x=2$、3、4、……とすると $y=10^2$、10^3、10^4、……となり、(B.2) よりこれらの対数がそれぞれ、2、3、4、……となる。これが第2章で記した、1、10、10^2、10^3、10^4、……に対する対数目盛が 0、1、2、3、4、……であるとした理由である。

また、(B.1) を (B.2) に代入すると、

$$x=\log_{10}10^x \qquad (B.5)$$

が得られる。これは x の指数関数（10^x）の対数はもとの x に戻るという意味で、対数関数は指数関数の逆関数であることを示している。逆に (B.2) を (B.1) に代入すると、指数関数が対数関数の逆関数であることも示されるので、指数関数と対数関数は互いに逆関数の関係にあるということができる。

(B.1) と (B.2) で $x=a$、$y=A$ と置くと、

$$A=10^a、\ a=\log_{10}A$$

が得られる。同様に、$x=b$、$y=B$ とすると、

$$B=10^b, \quad b=\log_{10}B$$

となる。ここで A と B の積 AB を作ると、

$$AB=10^a\times 10^b=10^{a+b}$$

と表される。これは $10^2\times 10^3=100\times 1000=100000=10^5=10^{2+3}$ から明らかであろう。そこでその対数を求めると、

$$\log_{10}AB=\log_{10}10^{a+b}=a+b$$

が得られる。ここで最後の等号には (B.5) を使った。ところが、$a=\log_{10}A$、$b=\log_{10}B$ なので、これを上式に代入すると、

$$\log_{10}AB=\log_{10}A+\log_{10}B \tag{B.6}$$

が得られる。これは2つの数の積の対数がそれぞれの数の対数の和であるという、対数の特性を表す重要な結果である。これにより、

$$\log_{10}x^a=a\log_{10}x \tag{B.7}$$

という有用な結果も得られることを注意しておく。

こうして、ある人の所得額がある値になる場合の実現確率 P が、その人がこれまでに経験してきた

いろいろな要因の実現確率 p_i ($i=1, 2, 3, \cdots, n$) の積で、

$$P = p_1 \times p_2 \times p_3 \times \cdots \times p_n \tag{B.8}$$

と表される場合には、P の対数は、

$$\log_{10} P = \log_{10} p_1 + \log_{10} p_2 + \log_{10} p_3 + \cdots \\ + \log_{10} p_n \tag{B.9}$$

となり、それぞれの要因の実現確率の対数 $\log_{10} p_i$ ($i=1, 2, 3, \cdots, n$) の和で与えられることがわかる。すなわち、対数をとった後では加算の式になるのである。

参考文献

　読者には本書の内容は総花的で食い足りないという思いの方も多いであろう。そこで、筆者の思いつくまま、これまでに印象に残った参考文献を以下に記して読者の便宜を図りたいと思う。

第1章
竹内啓『偶然とは何か――その積極的意味』（岩波新書、2010）

小宮豊隆編『寺田寅彦随筆集　改版』第1巻〜第5巻（岩波文庫、1963〜64）

第2章
マーク・ブキャナン（水谷淳訳）『歴史は「べき乗則」で動く――種の絶滅から戦争までを読み解く複雑系科学』（ハヤカワ文庫、2009）

石橋克彦『大地動乱の時代――地震学者は警告する』（岩波新書、1994）

井田喜明『地震予知と噴火予知』（ちくま学芸文庫、2012）

高木仁三郎『原発事故はなぜくりかえすのか』（岩波新書、2000）

石橋克彦編『原発を終わらせる』（岩波新書、2011）

第3章
メラニー・ミッチェル（高橋洋訳）『ガイドツアー　複雑系

の世界——サンタフェ研究所講義ノートから』(紀伊國屋書店、2011)

Edwin L. Crow and Kunio Shimizu (eds.) *Lognormal Distributions: Theory and Applications* (Marcel Dekker, Inc., 1988)

第4章

國仲寛人、松下貢「複雑系の統計性」『科学』Vol.79, No.10 (2009年10月、岩波書店) pp.1146-1155.

國仲寛人、小林奈央樹、松下貢「複雑系にひそむ規則性——対数正規分布を軸にして」『日本物理学会誌』Vol.66, No.9 (2011) pp.658-665.

第5章

松下哲『なぜ、どのようにわれわれは老化するか——要介護は体内エコロジー』(かまくら春秋社、2013)

O. Moriyama, H. Itoh, S. Matsushita and M. Matsushita, "Long-Tailed Duration Distributions for Disability in Aged People", *J. Phys. Soc. Jpn.*, Vol.72 (2003) 2409-2412.

S. Matsushita, M. Matsushita, H. Itoh, K. Hagiwara, R. Takahashi, T. Ozawa and K. Kuramoto, "Multiple Pathology and Tails of Disability: Space-Time Structure of Disability in Longevity", *Geriatrics and Gerontology International*, Vol.3 (2003) 189-199.

N. Kobayashi, H. Kuninaka, J. Wakita and M. Matsushita, "Statistical Features of Complex Systems: Toward Establishing Sociological Physics", *J. Phys. Soc. Jpn.*, Vol.80

(2011) 072001.

第6章

松下貢、國仲寛人「現代社会の豊かさとは——社会物理学の視点から」『科学』Vol.82, No.2（2012年2月、岩波書店）pp.160-167.

暉峻淑子『豊かさとは何か』（岩波新書、1989）

J. K. ガルブレイス（鈴木哲太郎訳）『ゆたかな社会 決定版』（岩波現代文庫、2006）

橘木俊詔『格差社会——何が問題なのか』（岩波新書、2006）

P. クルーグマン（三上義一訳）『格差はつくられた——保守派がアメリカを支配し続けるための呆れた戦略』（早川書房、2008）

宇沢弘文『社会的共通資本』（岩波新書、2000）

宇沢弘文『経済学は人びとを幸福にできるか』（東洋経済新報社、2013）

T. ピケティ（山形浩生、守岡桜、森本正史訳）『21世紀の資本』（みすず書房、2014）

E. F. シューマッハー（小島慶三、酒井懋訳）『スモール イズ ビューティフル——人間中心の経済学』（講談社学術文庫、1986）

E. F. シューマッハー（酒井懋訳）『スモール イズ ビューティフル再論』（講談社学術文庫、2000）

索 引

【アルファベット】

GDP（国内総生産）
　　　v, 65, 67,
75, 76, 79, 82, 87, 88,
90, 111, 114, 116, 119,
121, 122, 138, 141, 142

GNI（国民総所得）
　　119, 121, 138, 141, 142

【か 行】

介護期間
　94-96, 98, 101, 112, 126
ガウス分布（→正規分布）
　　　　　　　　　　　6
確率分布　　　　　　　21
加算過程　　　11, 81, 83
偶然現象　　　12, 17, 20
グーテンベルク・リヒター
　則　52, 56, 60, 65, 91
クレーター　36, 38, 60, 91
系　　iii, 61-64, 78, 152
健康寿命　　　　94, 101

個数分布　　　　　69-72,
　　　74, 75, 95, 96, 157-159
ゴンペルツ則
　　　　95, 96, 101, 112

【さ 行】

サイコロ（投げ　　　　11-
　13, 15-17, 19, 71, 72, 74
試行　　　　12, 13, 16, 17
自己組織的発現（→創発）
　　　　　　　　　　64
地震予知　　　　　47, 48
指数関数　　　　160-162
市町村人口　124, 130, 134
ジップ則　　38, 124, 126
社会的共通資本　　　147
乗算過程
　　81-83, 98, 99, 114, 122
所得格差　　　　　　141
（日本の）　　　　　135
（アメリカの）　　　136
身長　　　　　　70, 108
（大人の）　　　　　i-iv,

　　　　　vi, 3-6, 8-10, 15-20,
　　29, 69, 72, 107, 157-159
（児童の）

　　102-104, 106, 107, 111
酔歩　　　　　　　　21-24
スケールフリー　　35, 58
正規分布　i, ii, iv-vi, 3, 6-
　　9, 11, 13, 15, 17-19,
　　21-29, 32, 35, 45, 47,
　　56, 70-72, 74-76, 79,
　　81, 83-86, 88, 89, 95,
　　96, 103-108, 112, 143
線形性　　　　　　　61-63
創発　　　　　　　64, 78

【た 行】

体重　　　　iii-v, 3, 4, 6,
　　20, 29, 69, 70, 102, 103,
　　107, 108, 110, 111, 129
対数　　　　　　53-55, 67,
　　76, 83, 84, 105, 160-164
対数関数　　　　　161, 162
対数正規分布　　　　v, vi,
　　75, 76, 78, 83-92, 94,
　　96, 98, 103-108, 110-
　　112, 114-116, 121-124,
　　126, 127, 129, 130, 132,
　　134-136, 141, 144, 160
二重──

　　110, 111, 129, 130
三重──　　　　　　　132
大数の法則　　12, 13, 17
対数目盛　　54, 55, 67, 84,
　　88, 103, 129, 160, 162
　片──　　　　　　　54
　両──　　　　　　　55
大変動　　　　64, 78, 154
大陸移動説　　　　39, 41
単語の使用頻度　　　　36
単純系　　　　　　62, 64
中心極限定理　　11, 13, 17
統計分析

　　3, 49, 70, 145, 153
都道府県人口　　127, 130
富めるものはより豊かに
(The rich get richer)

　　　　　　　　123, 126,
　　135, 136, 138, 142, 145

【な 行】

二極分化　　130, 132, 134

【は 行】

東日本大震災
  47, 130, 141, 143, 146
非線形性 61, 63
標準偏差 7, 8,
 17, 18, 21, 22, 25-28,
 45, 56, 84-86, 107, 143
頻度分布 i, vi, 5, 21, 29,
 49, 56, 58, 69, 79, 108
複雑系 iii, v, vi, 48, 61-66,
 76, 78, 79, 81-84, 89,
 91, 102, 111, 112, 114,
 122, 126, 145, 152, 153
ブラウン運動 24
フラクタル 58, 151, 152
プレートテクトニクス
  39-41, 48
平均値
 i-iv, 6-8, 12, 13, 15-
 21, 23-28, 35, 45, 47, 56,
 72, 74, 84-86, 107, 143
べき指数 33,
 34, 36, 53, 83, 123, 160
べき乗 33-36,
 38, 49, 52, 53, 55, 56, 60,
 65, 67, 75, 79, 122, 124,
 127, 136, 138, 142, 160
べき乗則
 56, 78, 79, 91, 122, 126
べき乗の底 33, 52, 160
べき乗分布
  iii-vi, 32-36, 38,
 56-58, 60, 61, 65, 67, 70,
 75, 76, 79, 85, 86, 89-91,
 96, 111, 123, 126, 127,
 130, 136, 143, 144, 160
ベストフィット
 8, 87, 96, 103, 104,
 115, 124, 127, 129, 134
偏差値 25, 26

【ま 行】

マグニチュード
  42, 45, 47, 49,
 51, 52, 54, 55, 58, 143
貧しきものはより貧困に
(The poor get poorer)
 123, 136-138, 142, 145

【や 行】

予測 18, 28, 63

【ら 行】

ランキングプロット
　60, 67-71, 74, 75, 86-88,
　96, 108, 114, 115, 119,
　123, 124, 127, 134, 136,
　138, 142, 144, 157, 159
両対数グラフ
　　　　89, 96, 114, 115,
　121, 124, 127, 134, 136
累積個数分布（→ランキングプロット）
　　　　67, 68, 70, 71,
　74, 86, 87, 108, 157, 159
老人病　　　　94-96, 98,
　100-102, 111, 126, 155

松下 貢（まつした・みつぐ）

1943年，富山県出身．東京大学工学部物理工学科卒，同大学大学院理学系研究科物理学博士課程修了．日本電子（株）開発部，東北大学電気通信研究所助手，中央大学理工学部助教授，教授を経て，現在，同大学名誉教授．理学博士．
著訳書『物理学講義』シリーズ全5巻（「力学」「電磁気学」「熱力学」「量子力学入門」「統計力学入門」），『テキストシリーズ：物理学 物理数学』，『裳華房フィジックスライブラリー フラクタルの物理（I）・(II)』，『力学・電磁気学・熱力学のための基礎数学』（以上，裳華房），『医学・生物学におけるフラクタル』（編著，朝倉書店），『カオス力学入門』（ベイカー，ゴラブ著，啓学出版），『フラクタルな世界』（ブリッグズ著，監訳，丸善），『生物にみられるパターンとその起源』（編著，東京大学出版会），『英語で楽しむ寺田寅彦』（共著，岩波科学ライブラリー），『キリンの斑論争と寺田寅彦』（編著，岩波科学ライブラリー）ほか．

統計分布を知れば世界が分かる
中公新書 2564

2019年10月25日発行

著 者 松下 貢
発行者 松田陽三

本文印刷 三晃印刷
カバー印刷 大熊整美堂
製　本　小泉製本

発行所 中央公論新社
〒100-8152
東京都千代田区大手町1-7-1
電話　販売 03-5299-1730
　　　編集 03-5299-1830
URL http://www.chuko.co.jp/

定価はカバーに表示してあります．落丁本・乱丁本はお手数ですが小社販売部宛にお送りください．送料小社負担にてお取り替えいたします．

本書の無断複製（コピー）は著作権法上での例外を除き禁じられています．また，代行業者等に依頼してスキャンやデジタル化することは，たとえ個人や家庭内の利用を目的とする場合でも著作権法違反です．

©2019 Mitsugu MATSUSHITA
Published by CHUOKORON-SHINSHA, INC.
Printed in Japan　ISBN978-4-12-102564-7 C1241

中公新書刊行のことば

一九六二年十一月

　いまからちょうど五世紀まえ、グーテンベルクが近代印刷術を発明したとき、書物の大量生産は潜在的可能性を獲得し、いまからちょうど一世紀まえ、世界のおもな文明国で義務教育制度が採用されたとき、書物の大量需要の潜在性が形成された。この二つの潜在性がはげしく現実化したのが現代である。

　いまや、書物によって視野を拡大し、変りゆく世界に豊かに対応しようとする強い要求を私たちは抑えることができない。この要求にこたえる義務を、今日の書物は背負っている。だが、その義務は、たんに専門的知識の通俗化をはかることによって果たされるものでもなく、通俗的好奇心にうったえて、いたずらに発行部数の巨大さを誇ることによって果たされるものでもない。現代を真摯に生きようとする読者に、真に知るに価いする知識だけを選びだして提供すること、これが中公新書の最大の目標である。

　私たちは、知識として錯覚しているものによってしばしば動かされ、裏切られる。私たちは、作為によってあたえられた知識のうえに生きることがあまりに多く、ゆるぎない事実を通して思索することがあまりにすくない。中公新書が、その一貫した特色として自らに課すものは、この事実のみの持つ無条件の説得力を発揮させることである。現代にあらたな意味を投げかけるべく待機している過去の歴史的事実もまた、中公新書によって数多く発掘されるであろう。

　中公新書は、現代を自らの眼で見つめようとする、逞しい知的な読者の活力となることを欲している。

社会・生活 I

番号	タイトル	著者
2484	社会学	加藤秀俊
1242	社会学講義	富永健一
1910	人口学への招待	河野稠果
1646	人口減少社会の設計	松谷明彦
2282	地方消滅	増田寛也編著
2333	地方消滅 創生戦略篇	増田寛也編著
2355	東京消滅──介護破綻と地方移住	冨山和彦
2454	人口減少と社会保障	山崎史郎
2446	人口減少時代の土地問題	吉原祥子
1914	老いてゆくアジア	大泉啓一郎
760	社会科学入門	猪口孝
1479	安心社会から信頼社会へ	山岸俊男
2322	仕事と家族	筒井淳也
2475	職場のハラスメント	大和田敢太
2431	定年後	楠木新
2486	定年準備	楠木新
2422	貧困と地域	白波瀬達也
2488	ヤングケアラー──介護を担う子ども・若者の現実	澁谷智子
1894	ソーシャル・キャピタル入門	稲葉陽二
2138	コミュニティデザインの時代	山崎亮
2184	社会とは何か	竹沢尚一郎
2037	不平等社会日本	佐藤俊樹
1537	県民性	祖父江孝男
265	原発事故と「食」	五十嵐泰正
2474	リサイクルと世界経済	小島道一
2489	私たちはどうつながっているのか	—

教育・家庭

1136	0歳児がことばを獲得するとき	正高信男
1882	声が生まれる	竹内敏晴
2429	保育園問題	前田正子
2477	日本の公教育	中澤渉
2218	特別支援教育	柘植雅義
2004/2005	大学の誕生(上下)	天野郁夫
2424	帝国大学──近代日本のエリート育成装置	天野郁夫
1249	大衆教育社会のゆくえ	苅谷剛彦
2006	教育と平等	苅谷剛彦
1704	教養主義の没落	竹内洋
2149	高校紛争 1969-1970	小林哲夫
1065	人間形成の日米比較	恒吉僚子
1578	イギリスのいい子 日本のいい子	佐藤淑子
1984	日本の子どもと自尊心	佐藤淑子
416	ミュンヘンの小学生	子安美知子
2066	いじめとは何か	森田洋司
986	数学流生き方の再発見	秋山仁
2549	海外で研究者になる	増田直紀

知的戦略・情報

13	整理学	加藤秀俊
106	人間関係	加藤秀俊
410	取材学	加藤秀俊
136	発想法(改版)	川喜田二郎
210	続・発想法	川喜田二郎
1159	「超」整理法	野口悠紀雄
1222	続「超」整理法・時間編	野口悠紀雄
1662	「超」文章法	野口悠紀雄
2056	日本語作文術	野内良三
1718	レポートの作り方	江下雅之
624	理科系の作文技術	木下是雄
1216	理科系のための英文作法	杉原厚吉
2480	理科系の読書術	鎌田浩毅
2109	知的文章とプレゼンテーション	黒木登志夫
807	コミュニケーション技術	篠田義明
2397	会議のマネジメント	加藤文俊
1636	オーラル・ヒストリー	御厨貴
2263	うわさとは何か	松田美佐
1712	ケータイを持ったサル	正高信男

科学・技術

番号	タイトル	著者
2547	科学技術の現代史	佐藤 靖
1843	科学者という仕事	酒井邦嘉
2375	科学という考え方	酒井邦嘉
2373	研究不正	黒木登志夫
1912	数学する精神	加藤文元
2007	物語 数学の歴史	加藤文元
2085	ガロア	加藤文元
1690	科学史年表(増補版)	小山慶太
2476	〈どんでん返し〉の科学史	小山慶太
2354	力学入門	長谷川律雄
2507	宇宙はどこまで行けるか	小泉宏之
2271	NASA──宇宙開発の60年	佐藤 靖
2352	宇宙飛行士という仕事	柳川孝二
2089	カラー版 小惑星探査機はやぶさ	川口淳一郎
2560	月はすごい	佐伯和人
1566	月をめざした二人の科学者	的川泰宣
2398/2399/2400	地球の歴史(上中下)	鎌田浩毅
2520	気象予報と防災──予報官の道	永澤義嗣
1948	電車の運転	宇田賢吉
2384	ビッグデータと人工知能	西垣 通
2564	統計分布を知れば世界が分かる	松下 貢